科技农业
高效农业

传统良法良方防治牛病

王祥忠　主编

U0227350

科学技术文献出版社
SCIENTIFIC AND TECHNICAL DOCUMENTATION PRESS

·北京·

图书在版编目（CIP）数据

传统良法良方防治牛病 / 王祥忠主编. —北京：科学技术文献出版社，2016.5

ISBN 978-7-5189-1098-4

Ⅰ. ①传… Ⅱ. ①王… Ⅲ. ①牛病—防治 Ⅳ. ① S858.23

中国版本图书馆 CIP 数据核字（2016）第 046861 号

传统良法良方防治牛病

策划编辑：孙江莉 责任编辑：孙江莉 杨　茜 责任校对：赵　瑗 责任出版：张志平

出　版　者	科学技术文献出版社	
地　　　址	北京市复兴路15号　邮编 100038	
编　务　部	（010）58882938，58882087（传真）	
发　行　部	（010）58882868，58882874（传真）	
邮　购　部	（010）58882873	
官方网址	www.stdp.com.cn	
发　行　者	科学技术文献出版社发行　全国各地新华书店经销	
印　刷　者	北京金其乐彩色印刷有限公司	
版　　　次	2016年5月第1版　2016年5月第1次印刷	
开　　　本	850×1168　1/32	
字　　　数	222千	
印　　　张	9.25	
书　　　号	ISBN 978-7-5189-1098-4	
定　　　价	22.80元	

编写组

主　　编　　王祥忠

副 主 编　　段　生　　付春江　　印明哲　　王英琳

编写人员　　李艳秋　　左洪喜　　王炳涛　　阿斯哈尔·恰达提
　　　　　　杨文生　　韩　超　　刘海东　　高洪飞　　陈天鹏
　　　　　　高宇飞　　黄　红　　纪政利　　刘玉笛　　孙树林

前　言

　　我国是世界养牛大国之一，养牛业已成为畜牧业的重要组成部分，在国民经济中占有重要的地位。养牛作为一项产业，对调整我国畜牧业结构、促进畜牧业发展、改善人们的肉食组成、提高人民的生活质量等发挥着重要的作用。随着我国国民经济的迅速增长，农村产业结构的调整，人民生活水平的不断提高，养牛业发展更为迅速，对繁荣市场和增加农民收入，起到了促进作用。目前，我国广大农牧区养牛业的比重不断增大，出现了前所未有的新局面。

　　近年来，世界各国对无抗生素奶、肉的生产非常重视，要求上市的鲜奶，鲜肉中不得有抗生素等有害残留。大量的实践证明，人类食用了含有抗生素等有害残留的肉、奶后，机体免疫力下降，容易感染而发病，甚至有致命的感染病例。我国已加入世界贸易组织（WTO），国家对畜产品质量安全非常重视，为了搞好与国际市场接轨，必须按照国际惯例以及我国奶牛、肉牛业的行业规范和卫生质量要求进行生产，确保畜产品质量安全。

　　随着我国养牛业的产业化发展，各类牛病也随之增多，且复杂多样化。因此，保证牛群健康发展，搞好牛群防疫治疗尤为重要。目前，牛疾病防治多采用西药治疗，不良反应较大，有害残留较多，不利于人们的身心健康。

　　本书在牛病的防治上，采用传统的医疗方法，在养牛生产实践中广泛应用，无有害残留或有害残留少，且效果显著。本书中的牛病诊断方法，在继承传统中兽医理论技术基础上，结合多年来民间总结的实践经验，对牛病进行诊断，方法简便实用，易于掌握，适于推广，疾病诊断率高，对提高牛病治愈率起到了关键作用。针灸技术疗法是一项独特的医疗技术，它是祖国医药学的宝贵遗产，实践证明，针灸疗法在牛疾病防治中具有重要意义。

其主要优点有：（1）应用范围广，不受地域、畜类、畜种的限制，皆可以采用针灸疗法。（2）见效快，疗效好。如风湿、闪伤、跛行等，采用针灸疗法，可以收到良好效果。（3）设备简单，便于掌握，携带方便，经济适用，无毒无害，疗效显著，利于推广。传统防治牛病验方疗法和冷却、温热疗法，汇集了民间传统良法良方，具有简、便、效、廉、实等优点。简就是方法简单，取材容易，组方巧妙，适于推广；便就是便于掌握，用之方便，自制自用；效就是方法看似平庸，但是疗效突出，民间素有"偏方治大病"之称；廉就是药物配方所需用品，易于获得，成本低廉；实就是具有可靠性，真实性，实用性强。中西医结合治疗牛病方法，在对古代兽医遗产继承的基础上，也结合了现代兽医学发展的新技术，在病例中既有中兽医防治病例，又有中西医结合防治病例，既保持了中兽医学的特色，又吸收了现代兽医学的有关技术，达到了中兽医互通。

本书共九章，从牛的生物特性及主要生理指标、牛病的预防、牛病传统诊断法、牛病常用治疗技术、常用中草药、针灸术民间良法良方治牛病、牛病冷却疗法和温热疗法，牛病综合疗法等方面，介绍了牛病的防治技术。本书内容适合普用，便于掌握。本书在编写过程中，在参考了牛研究专家书籍资料的基础上，作者结合自己 20 余年的临床诊疗牛病实践经验，编写了此书，在此对所参考书籍资料专家作者一并感谢。

由于编者水平有限，加之时间仓促，书中纰缪之处在所难免，恳请广大读者提出宝贵建议，加以指正。

编　者
2015 年 3 月

本书声明

兽医科学是一门不断发展的学科，标准用药安全注意事项必须遵守。但随着科学研究的发展和临床经验的积累，知识也在不断更新，因此在治疗方法及用药上也必须或有必要做相应的调整。建议读者在使用每种药物之前，参阅厂家提供的产品说明以确认推荐的药物用量，用药方法，所需用药时间及禁忌等。动物医生有责任根据临床经验和对患病动物的了解情况，决定用药量及选择最佳治疗方案。书中介绍了多种牛病治疗方法，由于养牛户养殖地域，养殖条件，养殖效果等不同，建议读者在参考本书中的治疗方法时，根据自己的养殖实际情况，进行适当的选择与调整。出版社和作者对任何在治疗中所发生的对患病动物或财产所造成的伤害不承担任何责任。

科学技术文献出版社

目 录 | CONTENTS

第一章　牛的生物学特性及主要生理常数

一、牛的生物学特性

1. 牛的采食性

牛是草食反刍动物，上颚无门齿，靠舌卷唇助、切齿段草的方法采食牧草。采食时不经仔细咀嚼囫囵吞下，经反刍后才能继续完成其消化。因采食匆忙，常误食毒草和异物。因此，不要到有毒牧草地放牧，舍饲期要对饲草仔细检查，防止牛误食小铁器等异物。

2. 牛的消化特性

牛是复胃动物，有瘤胃、网胃、瓣胃和皱胃四个胃。牛胃容积较大，成年牛胃容积 100～250 毫升。其中，前三个胃称为前胃，没有消化腺。第四个胃有胃腺，能分泌消化液，具有与单胃动物的胃相似的功能，也叫真胃。成年牛瘤胃占整个胃容积的 80%，网胃占 5%、瓣胃占 7.5%，皱胃占 7.5%。牛的瘤胃中含有大量的微生物，能利用饲料中粗纤维和非蛋白质含氮物质。在瘤胃微生物的作用下，牛日粮中 70%～80% 的可消化营养物质都在瘤胃中消化。

牛肠分为大肠和小肠。肠管起自皱胃的幽门，终于肛门。小肠长度约 36 米，大肠约 11 米，相当体长 20～23 倍，几乎全部位于体正中线的右侧。

3. 牛的合群性

牛具有合群性，能自然地组成以母牛为主体的"母性群体"。成年公牛独居生活或生活在"单身群"。到繁殖季节才同母牛在一起。在放牧牛群中，不同结构的牛，则分别形成各自的优胜序列。成年公牛支配成年母牛，母牛支配牛犊。

4．牛对环境的适应性

水牛能适应热带和亚热带地域，但夏日阳光下暴晒或在高温下劳役，其耐热、耐旱力比黄牛弱。水牛耐寒力比黄牛弱，老弱水牛常在严寒期患病死亡。牛对海拔高度的适应力，因品种不同而有差异。黄牛在海拔 3000 米高度也能适应，水牛一般分布在海拔 2000 米以下地域。黄牛攀高能力优于水牛，而水牛对低洼潮湿环境适应能力比黄牛强。

5．牛的抗病力

牛的抗病力强。含有瘤牛血缘的牛及水牛，对焦虫病有特别强的抵抗力。水牛对血吸虫的抵抗力很强。

6．牛还具有耐粗饲、性温顺、易于调教、吃苦耐劳性强的生物学特性。

二、牛的主要生理常数

表 1-1　牛的体温、脉搏、呼吸数

类别	正常体温（℃）	呼吸（次/分）	脉搏（次/分）
黄牛	37.5～39.5	10～30	50～80
奶牛	37.5～39.5	15～50	60～80

表 1-2　牛的几种消化生理生化指标

每天反刍次数	每次反刍持续时间（分钟）	每食团咀嚼次数	瘤胃蠕动次数（分钟）	嗳气次数（小时）	每天排粪量（千克）
4～8	40～50	40～60	2～3	17～20	15～40

第二章　牛病的预防

加强牛的饲养管理、搞好防疫和消毒是预防牛群疾病的有效方法之一。其中，饲养管理重于预防，预防重于治疗。

一、创造良好的饲养环境

1. 温度对牛的影响

牛是比较耐寒冷的动物，北方冬季最低温度约 −30℃，有些散养户牛没有牛舍，栓系于室外，早晨牛体上有一层霜，对牛的生长发育有影响。但是，冬季牛怕贼风侵袭，牛舍不能有透风窟窿，如果牛受到贼风侵袭，容易患上感冒或者风湿病。因此，每年深秋要做好牛舍的维修，保证牛舍保温良好。养牛一般要求有牛舍，建牛舍时墙体厚一些，有利于保温。实践来看，冬季农村有些养牛户用成捆玉米秸秆把牛舍四周围上用来保温，同时应注意防火。

牛怕天气太炎热，牛一般不能耐受 35℃ 以上的高温，外界温度高于其体温 5℃ 便不能长期生存。外界温度太高时，牛容易患中暑病。不同类型、不同品种的牛耐热性不一样。在生产实践中观察得知，当外界气温超过 24℃ 时，对牛的繁殖影响表现是公牛精液品质降低，母牛受胎率下降。环境温度高会导致：牛采食量下降、奶牛产奶量下降、肉牛生长发育迟缓等，明显影响牛的生产力。所以，夏季要注意防暑降温。

低温对牛也有影响，实践证明，当气温低于 10℃ 时，对牛有两个方面影响。一是牛为了保持体温恒定，必定增加采食量来提高产热，影响奶牛产奶量和肉牛产肉。二是在极冷的气候下，抑制母牛发情排卵，影响母牛繁殖。所以，冬季要注意防寒保暖。牛最适宜的温度是 10~20℃，肉牛为 5~10℃，舍温低于0℃或者高于20℃对于各种类型的牛都是不适宜的。

2. 湿度对牛的影响

由于牛，特别是奶牛，呼吸量大，排泄量大，用水量大，在通风不良的情况下，会造成牛舍的相对湿度大大增加。在高温条件下，如果空气湿度升高，则抑制牛体散热，对牛的热调节不利，将会使热应激加剧；在低温环境里，湿度过高，加快非蒸发散热，致使牛的散热量过大，会使产热量相应提高。据资料介绍，相对湿度在47%~90%，温度处于24~38℃环境中，牛的体温上升而呼吸加快，产奶量下降，发情受到抑制。湿度超过90%则对牛危害很大，牛容易患皮肤病和关节炎等疾病。牛舍内空气湿度不能超过80%。高温高湿的环境对牛非常不利，而凉爽干燥的环境适于牛发挥生产力。牛舍相对湿度应保持在70%~75%为宜，超过80%即湿度过大，必须加以调节。调节的方法是加强通风换气。奶牛舍内适宜温度和肉牛适宜的温度见下表。

表 2-1 奶牛舍内适宜温度、最高温度和最低温度

(单位:℃)

牛舍	最适宜温度	最低温度	最高温度
成母牛舍	9~17	2~6	25~27
牛犊舍	10~18	4	25~27
产房	15	10~12	25~27
哺乳牛犊舍	12~15	3~6	25~27

表2-2 肉牛的适宜温度

(单位:℃)

种类	适宜温度范围	低温（≥）	高温（≤）
牛犊	13～25	5	30～32
肥育牛	4～20	-10	32
肥育阉牛	10～20	-10	30

3. 气流对牛的影响

气流的作用是使牛体周围的冷热空气不断对流，带走牛体散发的热量和有害气体，起到降温作用。但是，在寒冷的季节，如果风力达到5级以上，会使舍温急剧下降，奶牛的产奶量降低。尤其是牛犊，容易患上呼吸道和消化道疾病，对牛的生长发育不利。寒冷的冬季舍内气流速度不应超过0.2米/秒，冬季通风换气牛舍最好有气流缓冲带。低温潮湿的气流，容易引起牛发生关节炎、肌腱炎、神经炎和肺炎等疾病，严重时引发牛的瘫痪。

4. 灰尘对牛的影响

牛舍内的灰尘来源于空气的带入、刷拭牛体、清扫地面、牛体抖动及饲料粉尘等。灰尘直径多在10～100微米，但5微米以下的不易下沉。灰尘落到牛奶中影响牛奶卫生；落到牛皮肤上与皮肤分泌物、皮屑、毛混在一起粘在皮肤上使牛发痒、骚动不安，如果混有病原微生物时，会使皮肤发炎，严重时溃烂；落入牛眼睛内会引发结膜炎，严重时导致失明；被牛吸入呼吸道则容易引起肺炎等呼吸道疾病。虽然牛舍内灰尘难以避免，一定要保持牛舍良好的通风换气，尽量减少空气中的灰尘。

5. 微生物对牛的影响

空气中广泛存在各种微生物，其数量随空气温度、湿度和尘埃的情况而有差异。当牛舍内温度、湿度适宜时，空气中的尘埃越多，微生物就越多。尘埃可以说是微生物的载体，是各种细菌、病毒的携带者，在通风不良或经常不透光的牛舍，灰尘会促进各类微生物的繁殖。许多细菌、病毒，可通过灰尘进行传播。所以，平时应及时清除牛舍的污物，尽量避免尘土飞扬，经常保持好牛舍通风换气，保证舍内空气新鲜。在日常管理中做好定期消毒非常重要。

6. 噪声对牛的影响

噪声对牛有一定的影响，牛对噪声的忍受有极限，一般不超过 100 分贝。噪声高对牛的生长发育和繁殖性能产生不良影响。据资料报道，噪声超过 115 分贝时，奶牛产奶量下降，还会造成母牛因惊吓而流产。一般牛舍噪声，白天不超过 90 分贝，夜间不超过 50 分贝。据资料报道，当噪声很杂，声音很大，特别是噪声达到 68~74 分贝时，可导致奶牛减产和牛奶酸度增高。

7. 光照对牛的影响

光照与牛的功能活动和生产性能密切相关。如光线低暗，有利于肉牛育肥；而光照时间充足可促进奶牛泌乳。增加光照有利于牛对钙的吸收，防止发生软骨症。炎热夏季强烈的日光照射，往往造成牛的食欲减退，产奶量下降，生长发育缓慢，严重时会引起中暑和热应激，所以夏季要注意防暑。缺乏光照，会引起牛繁殖障碍，不发情。舍饲奶牛每天通过户外运动进行光照时间不足，特别是冬季自然光照时间短，可以室内增加光照。所以，建牛舍时，要考虑窗户面积大一些来增加光照强度。舍饲奶牛每天光照时间 16 小时。保证充足的光照，奶牛产奶量可提高 10%~30%。

8. 有害气体对牛的影响

牛舍内的有害气体对牛体健康及人体健康影响较大。牛舍中的有害气体主要来自于规模养牛的呼吸、嗳气、排泄物和生产中的有机物分解。有害气体主要是氨气、二氧化碳和硫化氢等。要求牛舍内二氧化碳含量不超过 0.25%，氨气含量不超过 0.0026%，硫化氢含量不超过 0.001%。

氨气主要来自于粪便的分解和氨化秸秆的余氨。氨气容易溶解于水，常被溶解或吸附在地面、墙壁和牛的黏膜上，氨气刺激黏膜引起黏膜充血、喉头水肿等疾病。

二氧化碳本身不会引起牛的中毒，但浓度过高，会严重污染舍内空气，对牛健康十分不利。

牛舍中的硫化氢，是由含硫有机物质分解产生的。当牛饲喂丰富的蛋白质饲料，而牛机体消化功能又发生紊乱时，可排出大量的硫化氢。硫化氢浓度过高对牛产生较大的危害，同时也影响人的健康。

有害气体容易造成牛患呼吸道疾病。所以，牛舍要注意通风换气。可在中午气温较高时，打开门窗，或开天窗进行通风换气，通过通风换气，使舍内空气形成对流和交换，排出浊气，换入新鲜空气。牛舍的粪尿要及时清理和无害化处理，如果不按时清理干净，会污染空气。实践中，有些规模养牛户，把牛的粪尿直接排放到牛舍附近的沟或河里。排放到水不流动的沟里，时间一长，臭味很大，污染空气。排放到河里的，严重污染水质，影响产鱼量。有些养牛户直接把牛的粪尿堆放到临近牛舍处，特别是夏季，严重污染地表水，臭气熏天，影响附近居民生活和身心健康。造成蚊蝇大量滋生繁殖，蚊蝇是病菌、病毒的携带者，易给牛群带来传染病。牛的粪尿要运到离牛舍远处发酵处理或利用沼气池进行处理，沼气为生活利用。黑龙江省青冈县有2236个牛场（户）使用沼气池处理粪尿，每个牛场（户）都根据饲养规模建设了沼气池，对粪尿进行处理，净化了环境，沼气被日常生活所利用。

实践证明，广大养牛户养牛要想提高生产效益，减少疾病发病率，取得好的经济效益，必须创造良好的饲养环境，对此项工作必须加以重视。

二、饲养管理中注意事项

1. 饮水

民间多年来总结的经验是"草膘、料力、水精神"。说明饮水的重要性。水是牛机体一切细胞和组织必需的构成成分，牛机体内养分和其他营养物质在细胞内外的转运、养分的消化和代谢、消化代谢废物和多余热量的排泄、体液的酸碱平衡以及胎儿生长发育的液体环境，都需要水的参与。所以，养牛场（户）要有充足、良好的水源，保证牛群正常饮水。如1头泌乳奶牛每天需饮水50～70千克，每产1千克牛奶，饮水量为3～4千克，饮水对奶牛产奶量有直接影响。肉牛每天饮水50～60千克。饮水不足，不仅影响食欲和饲料利用效率，同时影响奶牛产奶量和肉牛产肉量，而且影响牛和胎儿生长发育。长期饮水不足，牛容易患百叶干、前胃弛缓等疾病。次年春天耳尖干、毛发焦、牛不爱倒嚼。饮水充足，则牛食欲旺盛，被毛发亮，精力充沛。冬季最好饮温水，如果天气寒冷饮冷水，牛为了抵御寒冷就要消耗体能，对牛生产不利，影响奶牛产奶量和肉牛产肉量。怀孕牛不能饮带冰碴冷水，否则容易造成流产。有人说牛喜欢喝脏水，并无根据。池塘等死水都有相当多的病原菌和寄生虫，牛饮后易患病，每天需饮3～4次清洁水，冬天夜长，吃干草容易渴，应该增加一次夜间饮水。牛舍最好安有自动饮水器，自由饮水，饮水要清洁。冬季奶牛经常饮17℃温水，产奶量可提高7%。饮磁化水比饮普通水好，产奶量可提高12%，同时还能增强牛体抗病能力。方法是天然水从水龙头流出后，以一定的流速通过磁场强度为1500～2000高斯的水槽，切割磁力线后从另一端龙头流出即可。

2. 运动

奶牛一般习惯于吃饱后就躺下不动，这样会影响奶牛的消化能力，产奶量降低。实践证明，运动不足会导致泌乳母牛隐性发情、卵巢囊肿、持久黄体等一些疾病的发病率升高，缩短母牛的利用年限。所以，每天必须保证牛进行 2～3 小时的逍遥运动或者驱赶运动。因此，运动场要有足够的面积，要求地面平整，适于牛运动。舍饲奶牛没有运动场时，每天可把奶牛牵出去到户外运动，可促进血液循环，牛容易产生空腹感，肋骨开张好，食欲旺盛，提高了奶牛产奶量。运动能沐浴阳光，呼吸新鲜空气，以增强心肺功能，促进钙盐利用，防止发生产后瘫痪。但是夏季要注意防暑。每天上下午奶牛放开运动，让奶牛每小时走 3000～3500 米，产奶量可提高 10%～15%。

3. 放牧

放牧前要对草场的有毒植物的种类及分布情况进行了解，以便及时消除危害。以防止食用有毒牧草发生中毒。比如：醉马草中毒、氢氰酸中毒。春季由舍饲向放牧期转换，秋季由放牧期向舍饲期转换，均属于过渡阶段。牛所采食的饲料都有很大的变化，必须有个适应过程，最好安排一周时间。春季在正式放牧前一周就予以过度，放牧时间由短到长，逐日增加，每次出牧前饲喂青贮饲料，让牛吃到大半饱，一周后调整为上、下午全天放牧。秋季放牧时间逐日缩短，逐日增加舍饲时间，增加干草喂量，一周后完全恢复舍饲。这样做的好处是防止由于应激使牛发生胃肠疾病。夏季放牧期，由于牧草青嫩，所含蛋白质、矿物质、维生素都较多，牛喜食，采食量大，而且容易消化，因此，对促进牛生长发育有益处。奶牛提高产奶量，肉牛增膘，促进发情配种。夏季放牧要早出晚归，避开中午炎热时间，最好搭个凉棚，让牛休息，防止中暑。到豆科牧草茂盛放牧地放牧，一定要控制放牧时间，防止发生瘤胃鼓气。管理好牛群，防止牛偷吃玉米苗、高粱苗发生氢氰酸中毒。不放露水草，露水草含水量大，有一些细菌，牛吃露水草，看上去吃饱了，民间称为"水饱"，而且牛易患腹泻病。所以要在太阳出来露水下去后再放牧，割水草要把露水晒干后喂牛。不到低洼地带放牧，因为低洼地带有积水或者下雨牧草被水流冲过，有些寄生虫适于在潮湿环境中生存繁殖，如肝片吸虫。往往虫卵附在牧草茎叶上，牛吃了易患寄生虫病。要注意预防各种中毒病的发生，有毒物质容易使牛患上中毒病，损伤牛体免疫功能。所以平时不能饲喂有毒植物、发霉变质的草料，不在被工业"三废"和被农药污染的地域放牧、饮水，以防中毒疾病的发生。

4. 秸秆调制

玉米秸秆调制后利用率高，消化率提高了。农村有些养牛户，冬春季节，把成捆玉米秸秆扔给牛，让牛吃叶子，玉米叶子营养价值很低，结果玉米秆牛吃不下去剩下了作燃料，民间称为"吃面条耍长枪"，也称"懒汉喂法"。这种方法很不科学，对牛生长发育和性能发挥不利，浪费资源。合理喂法是切短、揉碎或进行盐化、氨化处理。中国农民历来有"寸草铡三刀，无料也上膘"说法，切段通常切成2厘米长。太长牛吃不下去，太短不利于牛反刍。秸秆切短虽然不能提高消化率，但是，增加了采食量和秸秆的利用率。

秸秆通过盐化，提高了利用率，能够完全代替羊草喂牛，缓解了草畜矛盾。降低了饲养成本。据测算，一头产奶牛每天大约吃羊草20千克，需12元，而改喂盐化玉米秸秆只需6元。仅饲草一项，一头奶牛每天可节约6元。

秸秆盐化方法：用作盐化的玉米秸秆，必须干净色鲜，霉烂带土的秸秆则不能用来盐化。切碎，为了使玉米秸秆与盐水充分混合，需把玉米秸秆切碎至2~3厘米，过长不能使盐水充分渗透秸秆中，盐化效果不好，过短则不利于牛反刍和消化吸收。根据养牛数量多少，在室内建一个盐化池。调制浓度为2%的盐水，盐水与秸秆的比例是1:5。先把切碎的玉米秸秆放入盐化池里，将盐水均匀喷洒在秸秆上，充分搅拌。再用塑料布封严，在室温下放置 10～15 小时后，可用来喂牛。盐化的玉米秸秆利用率可达 80% 以上，增强了食欲，增加了采食量，消化率提高 20%。饲喂盐化秸秆牛在 2～3 天就能适应。为了提高盐化饲料的能量，饲喂奶牛时，最好加拌 10%～15% 玉米面。牛饲喂盐化玉米秸秆，上膘快，毛发亮。但要注意，饲喂时，要少给勤添，定时定量饲喂，喂料时不要再喂盐。冬季盐化室温应在 20℃ 以上。

　　秸秆氨化方法：水窖（池）法氨化。先将秸秆切成 2 厘米左右。一般原则是，粗硬的秸秆（如玉米秸）切得短些，较柔软的秸秆可稍长些。每 100 千克秸秆（干物质）用 5 千克尿素，40～60 千克水。把尿素溶于水中搅拌，待完全溶化后分数次均匀地洒在秸秆上，窖前或后喷洒均可。窖前将秸秆摊开喷洒更为均匀。边装边踩实，待装满踩实后用塑料薄膜覆盖封严，用细土压实即可。尿素氨化所需时间比液态氨氨化时间稍长。

　　5. 科学喂饮

　　喂饮要定时、定量，定温。不能随意改变时间，饥一顿饱一顿会造成胃肠功能紊乱，容易造成瘤胃积食，前胃弛缓，腹泻等疾病。饲料改变要逐渐进行，让牛有个适应过程，一般利用 7 天。如果随意改变和突然变换饲料，容易造成牛的应激反应，这样不利于微生物的高效繁殖和连续性发酵，常引发牛瘤胃积食、瘤胃迟缓等胃肠疾病和营养代谢病。喂饮顺序是先喂粗饲料、后喂精饲料，最后才饮水。

　　6. 科学配制饲料

　　按照不同季节和牛的不同生长发育阶段科学配制饲料。从实践来看，多数散养牛户，还是延续传统的饲养方式。夏季以放牧为主。青草柔软，营养丰富。但是，牛不可缺少粗饲料，长时间不喂秸秆等粗饲料，除营养不全外，瘤胃缺乏粗饲料的刺激，时间久容易造成前胃弛缓等疾病。所以，夏季牛要喂粗饲料，青、粗、精饲料结合饲喂；冬、春季节是牧草枯黄期，缺少青绿饲料，牛缺少青绿饲料，满足不了营养需要，母牛不愿发情或发情拖后。要解决冬春季节缺少青绿饲料问题，一是要进行饲料青贮，二是在秋季多储备青绿饲料，如储备小白菜、小萝卜等。但是，冬季北方气候寒冷，养牛户储备的青绿饲料都冻成硬块。青饲料饲喂前放到温室里化开以后切碎喂牛。如果饲喂冰冻的青饲料，母牛容易造成流产。农民的经验是，头和草二和料，麸子要拌到，食盐不可少。饲料中不能没有麦麸子，麦麸子里含磷量高，有利于钙、磷平衡，防止软骨症发生，具有倾泻败火作用，防治牛便秘。为了增强牛的食欲，食盐是不可缺少的。牛正常盐饲喂量为每日0.3～0.5克/千克体重，中毒量为1～2.2克/千克体重，致死量1.5～3克/千克体重。所以要按标准喂盐，防止发生食盐中毒。

7. 牛舍、牛床及牛体卫生

牛舍要宽敞干燥，避免过于拥挤。怀孕牛特别是怀孕后期，由于胎儿迅速生长增大，母牛腹围增大，行动迟缓，互相冲撞、角斗，摔倒，滑倒，易造成流产。地面要平整，有些散养牛户牛舍地面凹凸不平，牛走路不方便，有的甚至造成牛蹄受到伤害或跛行。有的是水泥牛床，舍温低，休息时容易受凉患寒病，牛床应使用厚木板床或垫草。木板牛床要经常检查，防止铁钉外漏刺伤乳房引起乳腺炎。要求牛床长1.6～1.7米，宽1.1～1.2米。实践得知，有的养牛户牛床长度短，牛趴卧时把后腿伸到排粪尿沟外面，奶牛休息不好，影响产奶量。有的粪尿清除不及时，牛粪沾到牛体上，特别是腹部。温度高时，牛粪在体上形成大小不等的疙瘩，牛趴卧时不舒服。容易患皮肤病和乳腺炎等疾病。所以，牛床设计要合理。要搞好牛舍卫生，特别是牛床和牛体卫生。

建室外沙浴牛床。规模养牛场，室外建沙浴牛床，奶、肉牛休息时沙浴比较舒服，可提高奶牛产奶量和肉牛产肉量，也能预防一些疾病的发生。如黑龙江省青冈县新村乡新村村山东屯荷斯坦奶牛场，建了奶牛室外沙浴床，由于标准化饲养管理，提高了产奶量，平均产奶量达到了8.5吨。

8. 刷拭牛体

经常刷拭牛体，清除牛体表面灰尘和粪块，不仅能增强皮肤代谢功能，消除疲劳，增进健康，而且防止皮肤病和体外寄生虫病发生。奶牛提高产奶量，肉牛多产肉。每天上、下午各刷拭牛体1次。从前向后，先逆毛后顺毛刷。经常刷拭牛体，保持牛体卫生清洁，可增强抗病力，肉牛多产肉，奶牛产奶量提高5%。

9. 定期驱虫

定期驱虫对于增强牛群体质，预防寄生虫和传染病的发生非常重要。通常是每年春、秋两季各进行全牛群驱虫一次，通常结合转群、转饲或转场实施。驱虫前应对粪便进行虫卵检查，弄清楚寄生虫的种类和危害程度，或根据当地寄生虫病发生情况，选择合理的驱虫药进行驱虫。驱虫后排出的粪便要集中进行无害化处理，防止病原散播。如果牛不驱虫，除了易发生寄生虫和传染病外，牛肠道内寄生虫把饲料营养消耗一部分，影响肉牛产肉量和奶牛产奶量。

10. 严格消毒

消毒是灭杀病菌的有效方法之一。牛舍内外环境要定期消毒，消毒药不能经常使用一种，否则容易产生抗药性，影响消毒效果。要两种以上消毒药交叉使用消毒效果好。带牛消毒最好使用刺激性较小的消毒药，否则对牛刺激大的消毒药，易使牛患呼吸道疾病。牛全部出栏后或入栏前要对牛舍进行一次彻底消毒。

11. 保管好饲料、药品

饲料库要宽敞干燥明亮，通风良好，防止饲料受潮发霉变质，牛使用发霉变质饲料，易患中毒病。如玉米发霉，牛患曲霉菌病。有毒药品用专用柜保存，防止外溢污染饲草饲料，造成牛中毒。

12. 蚊蝇和鼠害

扑杀蚊蝇和老鼠。蚊蝇、老鼠是各种细菌和病毒的携带者，也是牛疾病传播的媒介，所以平时要做好扑杀蚊蝇和老鼠工作。

（1）牛舍灭蚊蝇方法

1）在牛舍窗户上安装纱窗，每天对牛舍进行彻底清扫，定期消毒。

2）把平时吃橘子留下的皮晒干，晚上在牛舍内点燃，橘子皮点燃后的气味能驱除蚊蝇，还起到除臭作用。

3）将晒干的蓖麻叶切碎，每立方米用25克蓖麻叶点燃，灭蚊效果较好。

4）将花椒研成粉状，撒于牛舍蚊虫常出没之处或墙角处，可灭蚊虫和驱鼠。

5）将适量面粉与煤油调成糊状，放置于牛舍阴暗隐蔽处，可黏杀灭蚊。

6）将杀虫剂喷洒于瓜果皮上，放在牛舍蚊蝇密集处，诱杀力强。

7）在牛舍附近安装灭蚊器灭杀。

（2）防治鼠害的方法

1）室内密封要好，防止老鼠进入。

2）投放老鼠药。注意防止其他动物误食老鼠药引起中毒死亡。药死的老鼠不要随便乱扔，以免造成其他动物吃了死老鼠中毒死亡。药死老鼠焚烧深埋处理。

3）放置灭鼠器，如夹子、电子猫。

4）可试用下列方法灭鼠，安全效果又好。用炒熟的油茶面6份和高号水泥1份混合均匀后用厚塑料袋包起来，扎紧袋口，在袋的四周扎一些眼，眼的大小以油茶面与水泥混合面不流出为好，目的是通过扎的眼放出香味道，然后悬挂到老鼠常出没的地方，高度以老鼠能够到为好。老鼠吃了以后，水泥在肠道里遇水凝固，肠道梗阻坏死造成死亡。对死亡老鼠焚烧深埋处理。

13. 善待牛只

牛虽然是低级动物，但是也有感情。刷拭牛体是增进人牛感情的好方法之一，平时对牛不打，不骂，不高声恐吓。粗暴对待牛只，容易造成意外伤害，如用鞭子打牛不慎打到眼睛造成眼病或者失明，棒打牛只容易造成母牛流产等。粗暴对待牛容易造成牛的应激反应，使牛形成反感情绪，影响牛的生产性能发挥，降低生产效益。农民在生产实践中总结出造成牛流产"八不"经验是：

一不混：怀孕母牛不能和其他牛混放混养，以防挤撞和顶架引起流产。所以不同生长发育阶段的牛只要分群饲养管理。

二不打：不打冷鞭子，不用棍棒打牛，特别是不能打腹部，否则引起流产。

三不喂：不喂霉烂和霜冻的饲草饲料，否则引起中毒和流产等疾病。

四不饮：清晨不饮冷水，出汗不饮冷水，不饮冰冻水，饥饿时不饮。

五不赶：吃饱饮足后不赶，重度使役不赶，坏天气不赶，路滑不赶，快到家时不赶。

六不用：使役牛配种后不用，产前产后不用，过饱过饥不用，患病时不使用。

七不窄：进院子的大门要宽，特别是怀孕后期牛腹围大，如果大门窄，容易挤压造成流产，牛舍的门一定要够宽，足够怀孕后期母牛自由进出。

八不滑：冬季不能让牛走冰路，或者往院子泼冷水结冰路滑，容易造成牛滑倒骨折及流产。

三、搞好牛阶段性饲养管理

1. 奶牛犊饲养管理技术

当牛犊出生后，首先清除口鼻的黏液，以免妨碍呼吸。然后用洗净消毒过的干布擦净牛体上的黏液,或让分娩母牛舔舐干净,以免牛犊冬天受冻。在距离腹部10厘米处用消毒剪刀剪断脐带,挤出脐带中血液,对脐带断端用5%碘酊充分消毒,以免发生感染。如果脐带未自行封闭血流不止,应做结扎处理。给出生的牛犊及时称重,打耳号,做好出生记录,放在干燥、清洁、温度适宜的牛犊栏内。如遇到牛犊发生呼吸障碍等假死现象,应及时倒提牛犊后肢甩动,拍打胸部或进行人工呼吸,必要时可结合应用呼吸兴奋剂,强心剂类药物。

(1)牛犊饲养技术要点

1)尽早喂初乳。在牛犊生后1小时内尽快吃上初乳,以增强牛犊的抵抗力。初乳具有较大的黏度,对牛犊的胃肠道有良好的保护作用,可防止细菌与胃肠道接触而侵入体内。具有较高的酸度,初乳酸度36~53°T,这种酸度能有效地刺激胃黏膜分泌消化液,同时还能抑制细菌活动,使牛犊免受细菌侵害。初乳中含有溶菌酶和抗体,溶菌酶能杀死多种病菌,含有抗体的 γ-球蛋白,能抑制某些病菌的活动,还有一种抗原凝集素,能拮抗特殊品系的大肠杆菌,保证牛犊免于侵害。含有多量无机盐类,初乳中主要的盐类为镁和钙的中性盐,具有轻泻作用,特别是镁盐,能促使胎便排出。初乳中含有丰富而容易消化的养分。如果母牛无乳,可用产期相近的其他母牛初乳替代。前7天初乳日喂3次,日喂量为体重的8%~10%。以后喂常乳,日喂2次,做到定时、定量、定温饲喂。70日龄左右断奶。总哺乳量300千克左右。低奶量培育牛犊见表2-3。

表2-3 低奶量培育牛犊

日龄(天)	0~7	8~14	15~21	22~35	36~49	50~60	61~70
喂奶量(千克/日)	5	6	5.5	4.5	4	3.5	2

2）哺乳牛犊的早期补饲。为促进牛犊生长发育和瘤胃的消化功能，出生1周后开始训练其饮水，采食精料和优质青和干草的能力，以不下痢为原则，逐渐增加精料的喂量，优质青干草可让其自由采食。

3）哺乳牛犊断奶后的饲养。以不下痢为原则，逐渐增加精料喂量，3～4月龄日采食1.25～2千克，5～6月龄日采食2～2.5千克。断奶后饲喂青贮饲料，开始，每天每头喂100～200克，以后逐渐增加，至5～6月龄时可每天喂至3～4千克。优质青、干草自由采食。

（2）牛犊管理技术要点

牛犊舍要宽敞干燥，阳光充足，冬暖夏凉。保持舍内外卫生清洁，定期消毒。哺乳期牛犊尽可能做到单独饲养，舍温不低于15℃。

喂奶要做到定时、定温（37～38℃）和定量。每次喂完奶后及时擦干嘴部，以避免形成互舔等恶癖。

喂牛犊的器具要及时清洗消毒，晾干以备使用。

认真做好牛犊下痢，肺炎，感冒的预防和治疗工作。

每天坚持刷拭牛体1～2次，每次3～5分钟，5周后牛犊运动时间不少于4小时。

牛的去角可在出生后7～10日龄进行。剪除副乳头和去势均要在牛犊断奶前完成。

2. 育成牛奶牛饲养管理技术

7～18月龄为育成牛阶段。

（1）育成牛饲养技术要点

以优质青、干草等粗饲料为主，适当补喂精料，搞好营养平衡。精料头日喂量为1.5～3千克，青贮料10～15千克，青干草2～2.5千克，即可满足育成牛生长需要。

（2）育成牛管理技术要点

育成牛12月龄以后，每8～10天按摩乳房一次。

到 18 月龄，体重达 350～380 千克时开始配种。配种不能过早，如果过早，此时母牛正处于生长发育阶段，对母牛、胎儿生长发育不利，容易造成母牛难产，也不利于母牛利用年限，如果过晚也会影响生产，因此育成牛要适时配种。

配种妊娠后，经常性地刷拭牛体，按摩乳房，定期修蹄，这类接触可使牛养成温顺习性。

注意消除造成流产的任何隐患。如冬季不饮冰碴水，防止地面结冰过滑，上下槽、转群不急赶，不能粗暴待牛，不喂发霉、冰冻和变质饲草饲料等。

按摩乳房一般需从妊娠 5～6 个月开始，每天 1～2 次，每次 3～5 分钟，至分娩前半月停止按摩，此时严禁试挤奶。

育成牛应给予每天 2 小时以上的驱赶运动或放牧。运动有利于育成牛肢蹄坚实，使骨骼、肌肉、内脏器官发育良好，增强对疾病的抵抗力，能促进育成母牛发情。

3. 围产期奶牛饲养管理技术

（1）围产期饲养技术要点

分娩后喂给 30～40℃麸皮盐水汤，配方为麸皮约 1 千克，盐 100 克，水约 10 千克。产后 2～3 天，要喂易于消化的饲料，适当补给玉米，麸皮，青贮料 10～15 千克，优质干草 2～3 千克，控制催乳料。分娩后 4～5 天，根据牛的食欲和健康状况，逐步增加精料、青贮、干草和多汁饲料的给量。精料每日增加 0.5～1 千克，直到产后 7 天达到泌乳牛日粮给料标准。母牛产后 1 周内应充分供给予 36～38℃温水，不宜饮冷水，以免引发胃肠炎等疾病，1 周后饮水可逐渐降低至常温。

（2）围产期管理技术要点

临近分娩的牛提前 15 天左右转入产房饲养，产房应昼夜设专人管理。根据预产期，做好产房，产间清洗消毒及产前的准备工作，做好产后母牛疾病的预防。

　　注意观察牛分娩前兆，临产前 1~6 小时进入产间，对其后躯和外阴进行清洗和消毒。分娩时环境要保持安静，且做到温度适宜，无贼风和穿堂风侵袭，产间要干燥，铺上卫生的软褥草。对分娩正常的母牛，尽量让其自然分娩，不得人工助产。如遇难产，需要接产时，在兽医指导下进行接产。

　　尽早驱使母牛站起，利于子宫复位，防止子宫外翻等，喂以温麸皮盐水，同时用温水或消毒液清洗乳房、后躯和牛尾，然后清理产间，更换清洁柔软干褥草。

　　分娩后 1 小时，进行第一次挤奶，挤速不宜太快，不要挤净，挤出全部奶量的 1/3 即可，以后逐渐增加挤乳量，挤乳 3~4 次/天或以上，第一天够牛犊吃就可以了，第二天每次挤奶量为泌乳量的 1/3，第三天为 1/2，第四天为 3/4，第五天可以全部挤干了。在挤奶的同时，要加强对乳房的按摩和热敷，每次挤奶时热敷与按摩 10~20 分钟，除尽乳房水肿消失。如果前 3 天将乳房中的乳汁全部挤干，对高产奶牛来说，极易发生产后瘫痪。

　　母牛产后脱落的胎衣立即观察其是否完整，如有残留或超过 24 小时胎衣不下者，应及时治疗。

　　4. 泌乳母牛饲养管理技术

　　为了科学饲养管理泌乳母牛，根据其不同阶段的生理状态，营养物质代谢的规律，体重和产奶量的变化，泌乳期可划分为以下几个阶段。

　　泌乳前期：指娩后 16~100 天。

　　泌乳中期：指分娩后 101~200 天。

　　泌乳后期：指分娩后 201 天至停奶。

　　(1) 泌乳期饲养技术要点

　　在泌乳前，泌乳曲线上升阶段，可采用引导饲养法。在不影响其健康的前提下，渐进加料，促进泌乳牛早期达到高产，充分发挥泌乳牛的潜力。即所谓"料领着乳走"，直至产乳顶峰。此时，为了获得最高产奶量，必须注意日粮中粗饲料和精饲料的比例，精粗饲料比例是4:6。奶牛采食时间保证6小时。日喂次数不少于3次。15~75天，日粮干物质采食量由占体重的2.5%~3%增加至3.5%。

在泌乳中期，泌乳曲线较平坦的阶段，基本保持日粮营养水平稳定，即"料与乳并行"。此时，奶牛产奶量逐渐下降，一般月下降幅度5%~7%。在泌乳初期因用于泌乳失去的体重，在这一阶段开始恢复，一般从20周开始，所以，奶牛的采食量进入最大量阶段，采食足够的饲料用于泌乳和恢复体重需要。在饲养上，要根据母牛的产奶量和体况调整精料喂量。精粗饲料比例一般为4:6，饲料优质，吃饱吃好。但母牛不能喂得太肥。日粮干物质采食量由占体重的3%~3.2%。

在泌乳后期，日产乳量渐减，泌乳曲线下降阶段，日粮中的养分要相应递减。此时，母牛开始进入妊娠后期，胎儿发育较快。在饲养上，多喂优质粗饲料，适当饲喂精饲料，一般每产3.5千克奶应喂1千克精饲料。精粗饲料比例为3:7。日粮干物质采食量由占体重的2.5%~3%增加3.5%。

（2）泌乳期管理技术要点

合理安排挤奶，饲喂饮水，牛体刷拭，打扫卫生，运动休息等项工作日程。

认真做好乳腺炎的预防、监测和治疗工作。挤乳过程中，一定要遵守挤乳操作技术规程。

关注子宫净化，做到泌乳牛中70%以上个体产后60天内开始出现发情，确保母牛在产后3~4个月内受孕。有繁殖障碍的个体不超过10%。

5. 干奶牛的饲养管理技术

干奶目的是为了补偿前个泌乳期所消耗的营养，并在母牛体内积蓄为产犊后大量泌乳所需要的养分。在加拿大奶农中流传一句话"看奶牛多少产奶量,主要看奶牛干奶情况"。如果奶牛干奶不好,直接影响奶牛产奶量,也不利于生长发育和利用年限。一般母牛干奶期为60天。

(1)干奶牛饲养技术要点

奶牛干奶期日粮的能量低于泌乳牛,饲养原则是保证胎儿正常发育,让奶牛蓄积必要的营养物质,为下一个泌乳期产更多的奶创造条件。母牛日粮总干物质量一般占体重的2%。粗饲料80%,精饲料20%,日粮中的粗纤维15%~17%。

(2)干奶牛管理技术要点

掌握正确的干奶方法。高产牛采用逐渐干乳法,中低产牛采用快速干乳法。

1)逐渐干乳法:首先停止对乳房的按摩,并逐渐减少精料和多汁饲料的饲喂量,控制饮水。增加干草的喂量,打乱挤奶时间,减少挤奶次数,由每天挤奶3次改为2次,再逐渐减少到每天挤奶1次,隔日挤奶1次,最后完全挤干。此种方法一般需要2~3周。

2)快速干奶法:时间为7天左右。减少精饲料和多汁饲料喂量或者不喂,其他饲料照常供给。干奶第1天只挤奶2次,第2~3天减少到每天只挤奶1次,最后一次挤干净。此后乳房膨胀也不再挤奶,如果乳房出现硬肿不消,则要进行热敷和按摩,同时再次将乳汁挤干净。

做好保胎工作,防止流产,难产及胎衣滞留等情况发生。为此要防止母牛过肥,保持饲料新鲜和品质好,绝对不能喂冰冻饲料、腐败变质饲料和有毒饲料,冬季饮水温度不得低于10℃。

坚持适当运动,避免互相顶撞造成流产。定时按摩乳房,促进乳腺发育。一般干乳10天正常后开始按摩,每天1次。但产前出现乳房水肿要停止按摩。分娩前2周停止按摩乳房,转入产房饲养。

6. 肉牛饲养管理技术

（1）饲养技术

农区肉牛主要采用放牧与舍饲相结合的办法。夏秋季节以放牧为主，舍饲为辅。冬春季节以舍饲为主，放牧为辅。搞好饲料调制。按照牛的不同生长发育阶段科学搭配饲料，精、粗饲料结合应用。搞好牛犊培育，加强育成牛饲养，适时配种。

（2）管理技术

牛舍宽敞明亮，冬暖夏凉。舍内外卫生清洁，定期消毒，定期驱虫，搞好防疫注射。

（3）繁殖技术

利用人工授精技术，用优质肉牛冷冻精配种，生产杂交牛用于育肥。杂交牛具有生长发育快、饲料报酬高，产肉多，肉质好等优点。

7. 架子牛育肥技术

（1）选牛标准

品种选择：选择以西门塔尔、夏洛莱、利用赞等优质肉牛冷冻精，利用人工授精技术改良当地黄牛产的杂交一、二代杂交牛，或黑白花奶公牛，在性别上选购不去势公牛和母牛。

年龄与体重选择：根据农牧区饲养管理的实际情况，1~2岁内肉用杂种牛和乳用公牛体重多在250~300千克，2~3岁牛多在300~400千克，同一批次年龄体重要相近。3个月育肥期应选择2~3岁，体重350~400千克，地方品种在400千克以上的牛。6个月育肥期应选择1.5~2岁，体重在300千克左右的牛，地方品种要选择300千克以上的牛。

胎次选择：选择3胎以上的牛最好，一胎牛生长速度慢，最好不选。

外貌选择：肉用牛应选体型低垂，呈长方砖形，颈部宽厚，肋骨开张良好，后驱丰满、宽平，臀部距离宽，前后肢裆距离宽的牛为好。选择被毛光亮，鼻镜湿润，眼大有神，呼吸有力，尾巴活跃，牙齿结构好，皮肤松软，积极迎接饲养员，健康状况良好的牛。尽量不选择性情好动、攻击性很强的牛。

育肥牛的运输：一般是车运。要注意应激反应的预防。由于运输和到新的饲养环境，容易产生应激反应。因此，装运前喂给牛一些容易消化的青草、青贮饲料、麦麸皮和少量玉米。装运前3~4小时停喂。为了减轻应激反应，运输前2~3天每头牛口服或注射维生素A 25万~100万IU，最好是运输前2小时按每100千克体重注射2.5%氯丙嗪1.7毫升。转运前2~3小时架子牛不能过量饮水。运输中车速不要太快，转弯要稳。栓系牛绳不要过长，卧倒牛要哄起，中途饮水。卸车后在隔离舍休息1~2小时，供给饮水，初次饮水要限量，间隔3~4小时后自由饮水。购买的牛要经当地兽医部门进行检疫，车辆消毒。

（2）架子牛育肥方法

1）育肥前的准备工作

健康检查：育肥前要对育肥牛进行健康检查，将有消化道疾病、传染病、无齿的牛剔出。

分组编号：按品种，性别，年龄，体重及营养状况分群编号，以便管理和测定肥育效果。每群数量不宜过多，以15~20头为好。

驱虫：在育肥前对牛彻底驱虫，清除体内外寄生虫。用广谱驱虫药，如伊维菌素。

去势：由于公牛具有生长速度快，瘦肉率高的特性，一般3岁前屠宰的牛可不去势，如果生产高档牛肉及成年公牛肥育，须在肥育前20天去势。

称重：为了便于掌握日增重和饲料转化率，确定肥育日粮营养及用量，育肥前应对每头牛连续两天空腹称重，取其平均值作为肥育始重。

牛舍及饲料准备。肥育前因地制宜准备好牛舍。牛舍要冬暖夏凉。定期消毒，卫生清洁。准备足肥育所需的草料。

2）催肥期饲养技术要点

一般架子牛育肥需 120 天左右。可分为 3 个阶段。即过度驱虫期大约 15 天；育肥前期，大约 45 天；育肥后期，大约 60 天。

过度驱虫期饲养：一是过渡。让牛自由采食粗饲料，如秸秆、干草等，不要铡得过短，约 5 厘米。上槽后仍以粗饲料为主，这时粗饲料可铡成 1 厘米左右，每天每头 1 千克精料，与粗饲料拌匀后饲喂。精料逐渐增加到 2 千克，尽快完成过渡期。精、粗饲料比例 3∶7，日粮蛋白水平 12%，日增重可达 800～1000 克。二是驱虫。用虫克星胶囊口服或用虫克星注射液进行驱虫，按药物说明书使用。可驱除体内、外绝大多数寄生虫。三是补硒。在育肥过程中，如果肉牛出现缺硒症状，必须补硒。用亚硒酸钠注射液，第一次皮下或肌内注射 20 毫升，分几个部位注射。隔两个月再注射一次，方法与剂量同第一次。四是健胃。架子牛驱虫后，每头每天用人工盐 200 克和酵母片 200 片，分两次口服，连用 3 天，健胃效果好。五是注射疫苗。育肥牛入舍一周后，进行疫苗注射。

肥育前期饲养：日粮中精料比例由 30% 增加到 60%，可按牛每 100 千克体重喂给蛋白水平 11% 的配合精料 1 千克；粗饲料自由采食，在日粮中的比例由 70% 降到 40%。这一时期主要是让牛逐步适应精料型日粮，防止发生鼓胀病、腹泻和酸中毒等疾病。

肥育后期的饲养：日粮中精料可增加到 70%～85%，可按牛每 100 千克体重喂给蛋白水平 9.5%～10% 的配合精料 1.1～1.2 千克。粗饲料自由采食，在日粮中的比例由 40% 降到 15%～30%，日增重可达 1200～1500 克，属于强度肥育期。为了让牛能吃大量精饲料，可增加饲喂次数。由原来投喂 2 次增加到 3

次，保证充足清洁饮水。

（3）架子牛育肥管理技术要点

1）饲养注意事项

①饲喂必须定时、定量、定序、定人。

②饲喂次数。日喂 2 次，早、晚各 1 次。

③喂料顺序。先喂粗料，再喂精料，最后饮水。

④喂量。按不同饲养阶段饲料配方，精料定量，粗饲料可酌情放开，饲料要多样化。

⑤饲料加工调制。秸秆铡短后氨化或与酒糟类拌匀发酵。玉米秸青贮后饲喂，注意配合比例。

⑥饮水。喂精料后让牛饮足清洁水。晚间增加饮水一次。炎热的夏季，要保持槽内有充足的饮水。饲料中添加尿素时，喂料前后 0.5~1 小时杜绝饮水。冬季饮温水。

⑦加喂碳酸氢钠和瘤胃素。增加采食量，提高饲料的消化率和利用率，提高日增重。

⑧架子牛体重达 500 千克后，虽然采食量增加，但是增重速度缓慢，继续饲养效益不高，要及时出栏。

2）管理注意事项

五看五注意：看饲料注意食欲；看牛肚子注意吃饱；看牛动态注意精神；看牛粪便注意消化；看牛反刍注意异常。发现情况及时报告。

刷拭牛体：每天上、下午各刷拭牛体 1 次。从前向后，先逆毛刷后顺毛刷，清洁牛体卫生，促进血液循环，对牛育肥有益处。

限制运动：要一牛一桩固定栓系，缰绳不宜太长，拴系绳要短，一般以 40~60 厘米为宜，离地 1 米左右。

搞好室内外卫生。粪尿及时清理干净，注重通风换气。牛舍定期消毒，饲具常刷洗消毒。保持环境安静。饲养员的服装固定，不宜经常更换。要善待牛。

四、防止疾病传入主要措施

1. 牛场布局合理

牛场建设位置要远离交通要道，实践来看，有的牛场离主要公路较近，车辆的大量流动极易带来传染病等疾病。建在人口密集的居民区旁，如果排污处理不好，严重影响居民生产生活。场内生产区、办公区与生活区要分开。生产区和牛舍人口应设消毒池。粪尿处理池，病牛隔离舍应设在距离牛舍200米以外，利于防疫和环境卫生。

2. 实行自繁自养

牛场或养牛小区，养牛户有计划地实行自繁自养，对牛群健康，防止疫情传入和疾病的发生非常有益。这样可避免从外地购买的牛带进传染病。实践来看，有些养牛户，从外地散养户中买牛或从不正规的集市上买牛，没有进行严格消毒检疫，运回后也不进行隔离观察，极易带进传染病，造成全群发病，损失很大。

3. 引牛严格检疫

从外地购进的牛，一定要去进行细致考察，如果购牛处或周边过去发生过疫情就不要购买了，要从非疫区购买牛。购买前须经当地兽医部门严格消毒检疫，签发检疫合格证。对新购入的牛，进行全身消毒和驱虫后，方可进入场内。进场后要在距离场区200～300米以外的隔离舍观察至少1个月，确定健康无疫情后方可入群饲养。

4. 防疫制度健全

外来车辆、人员不准随便出入场区，进场大门口要有消毒池，对车轮进行消毒。运输车辆进场之前，要进行消毒。进场通道要进行紫外线消毒，用消毒盆洗手消毒。牛舍门口要有消毒槽，对鞋消毒。参观人员，经严格消毒，换鞋和穿上工作服后方可进入。实践来看，有的牛场老板，进入牛舍很随便，不换衣服不换鞋，极易带进病菌，造成牛群发病，确实有这种情况发生。本场职工出入要严格消毒，进入生产区，也须换上工作服和鞋帽。饲养员不能随意出入别的牛舍，不得借用其他牛舍的用具和设备。患有结核病和布氏杆菌病的人不能饲养牛，消毒池的消毒药定期更换，保持有效的浓度，一切人员进出门口，必须从消毒池上通过。消灭老鼠及携带传染病和寄生虫病的吸血昆虫。

5. 科学免疫接种

有计划地给健康牛群进行预防接种，可以有效抵抗相应的传染病的侵害，为了使预防接种达到预期的效果，必须掌握本地域传染病的种类及其发生季节、流行规律，了解牛群的生产、饲养管理和流动情况，以便根据需要制订出相应的防疫计划，适时地进行预防接种。表2-4牛常用疫苗及免疫措施和表2-5奶牛常见传染病防疫检疫程序可供参考①。

表2-4　牛常用疫苗及免疫措施

疫苗名称	用法及每头牛用量	免疫期
第2号炭疽芽孢苗	颈部皮下注射1毫升	1年
气肿疽明矾菌苗	颈部皮下注射5毫升	每年1次，6月龄以前注射的到6月龄时再注射1次
牛出血性败血病疫苗	肌内或皮下注射。100千克以下注射4毫升，100千克以上注射6毫升	9个月

① 引自——王根林. 养牛学. 北京：中国农业出版社，2006.

疫苗名称	用法及每头牛用量	免疫期
牛副伤寒疫苗	肌内注射。1 岁以下牛 2 毫升，1 岁以上第 1 次 2 毫升，10 天后再注射 2 毫升	6 个月
牛○型口蹄疫灭活疫苗	肌内或皮下注射。1 岁以下的牛犊肌内注射 2 毫升，成年牛 3 毫升	牛犊 4~5 月龄首免，20~30 天后加强免疫 1 次，以后 6 个月免疫 1 次
牛流行热疫苗	成年牛 4 毫升，牛犊 2 毫升，颈部皮下注射（3 周后进行第 2 次免疫）	1 年
布氏杆菌羊型 5 号弱毒冻干苗	肌内或皮下注射，每头牛 250 亿活菌	1 年
伪狂犬病疫苗	颈部皮下注射，成牛 10 毫升，牛犊 8 毫升	1 年
牛肺疫兔化弱毒冻干苗	用 50 倍生理盐水稀释，成牛臀部肌内注射 1 毫升，6~12 月龄 0.5 毫升	1 年
狂犬病灭活疫苗	臀部肌内注射 25~50 毫升	6 个月

表 2-5 奶牛常见传染病防疫检疫程序表

月份	疫病种类	生物制剂	防检方法或判断结果
1	炭疽	第 2 号炭疽芽孢苗	肌内注射，成年牛 3 毫升/头
3	口蹄疫	口蹄疫○型疫苗	肌内注射，牛犊 2 毫升/头，成年牛 3 毫升/头

续表

月份	疫病种类	生物制剂	防检方法或判断结果
4	结核病检疫	提取牛型结核菌素,每毫升含 100000IU	皮内注射选择颈部 1/3 处,0.1 毫升/头,72 小时后观察结果并量皮厚,皮厚小于 2 毫米为阴性,皮厚增加 2~3.9 毫米为可疑,皮厚增加 4 毫米以上为阳性
	布氏杆菌病检疫	布氏杆菌平板抗原	用已知抗原和被检血清做平板凝聚试验,根据凝聚结果判定是否阳性(1:100 稀释度,"++"为阳性)
5	流行热	牛流行热疫苗	成年牛 4 毫升/头,牛犊 2 毫升/头,颈部皮下注射(3 周后进行第 2 次免疫)
6	口蹄疫	口蹄疫○型疫苗	肌内注射,牛犊 2 毫升/头,成年牛 3 毫升/头
9	口蹄疫	口蹄疫○型疫苗	肌内注射,牛犊 2 毫升/头,成年牛 3 毫升/头
10	结核病检疫 布氏杆菌病检疫	所用制剂同 4 月份检疫	方法同 4 月份的检疫
12	口蹄疫	口蹄疫○型疫苗	肌内注射,牛犊 2 毫升/头,成年牛 3 毫升/头

(1)牛结核病结核菌素诊断方法:

1)结核菌素点眼法

一般点左眼,每头牛滴入结核菌素 3~4 滴,0.2~0.3 毫升,点眼后 3 小时、6 小时、9 小时、24 小时各观察反应一次。在观察时，应检查反应的性质，结膜的状态及分泌物的性状，并将观察到的反应具体记在记录表上。每次检疫需要点眼两次，第二次点眼应在第一次点眼后的 2～7 天进行，点眼反应的判定标准如下：

阳性反应：自眼角有黏液脓性分泌物流出，呈纽带状，并散布在眼睛的附近，或在结膜囊内以及眼角内呈粒状或线状，并有明显的结膜充血，水肿和流泪。

疑似反应：眼角仅有少量稠密的黏液性分泌物，聚积于结膜囊内或眼角处，或自眼角流出为粗线状，并无明显的结膜充血及水肿。

阴性反应：无反应，或只是结膜轻微充血，或流出少量的透明的浆液性分泌物。

两次点眼的综合判定，通常应按其中任何一次的最高反应为判定标准。

2）结核菌素皮内反应

首先在左侧颈部中部的三分之一处剪毛，并以卡尺测量皮肤皱褶厚度，并详细记录以便对照。然后用结核菌素 0.2 毫升（3 个月至 1 岁的牛 0.05 毫升，3 个月以上的牛为 0.1 毫升）注射于皮肤内，并于注射后 48～72 小时各测量皮肤皱褶厚度一次，同时观察局部反应，判定标准如下。

阳性反应：局部发热，有疼痛感，并呈现界限不明显的弥漫性水肿，软硬度如面团或硬片，同时肿胀面积在 35 毫米×45 毫米以上，如上述反应不明显，而皮肤皱褶厚度增加到 8 毫米以上。

疑似反应：炎性水肿不明显，皮肤皱褶增厚 5～8 毫米或肿胀面在 35 毫米×45 毫米以下。

阴性反应：没有炎性水肿，或仅有不发热的，坚实和界限明显的皮肤肿胀。

五、严格执行消毒制度

1. 严防疾病传播途径

对不同的疾病传播途径采取相应的防范措施。针对传染病和寄生虫病防疫，通过消毒杀灭病原体，是预防和控制疫病的重要措施；对通过消化道传播的疫病，以对饲料、饮水及饲具进行消毒为主；对通过呼吸道传播的疾病，则以空气消毒为主；对由节肢动物和啮齿动物传播的疾病，应以杀虫、灭鼠来达到切断传播途径的目的。

2. 实行定期消毒制度

每年春秋两季，对牛舍、场地和用具各进行一次全面清扫消毒，以后每个月消毒一次。发生传染病时，对病牛及疑似病牛的分泌物、排泄物及污染的土壤、场地、圈舍、饲具等都要进行彻底消毒，做到随时污染随时消毒，反复进行。传染病扑灭后及疫区（点）解除封锁前，必须进行终末大消毒，以消灭疫区内可能残留的病原体。消毒时，先将牛舍和运动场内的粪尿污物清扫干净，或铲去表层土壤，再喷洒消毒药液。消毒药可用新配制的2%～5%火碱；或10%～20%石灰乳；或0.5%～1%过氧乙酸；或3%甲醛溶液。牛粪内含有大量的病原体和虫卵，应集中进行无害化处理。

3. 牛场科学消毒方法

消毒是用各种消毒方法清除病原微生物及寄生虫、虫卵等对家畜的危害，是预防和消灭牛疫病的一项重要措施。消毒主要有物理消毒灭菌法、化学药物消毒法、生物热消毒法。

（1）物理消毒灭菌法包括：清扫洗刷消毒法，日光曝晒消毒法，紫外线照射消毒法，干燥消毒法和高温消毒法。

1）清扫洗刷消毒法。清扫粪尿、污物，洗刷饲槽、用具，是最基本的消毒方法。通过清扫和洗刷，可以把病原微生物随同污物一起清除，从而减少对牛的危害，这是消毒的基础，而且要保持经常持久。

2）日光曝晒消毒法。日光的紫外线具有良好的消毒杀菌作用，在直射阳光照射下，许多病原微生物经一定时间均可被杀死。有些细菌，如结核杆菌，太阳直射1小时就能将其杀死。所以，在天气晴好时，放牛到户外接受阳光照射（夏季注意防暑），令牛能运动和呼吸新鲜空气，又对牛健康有益。建牛舍时窗户也应尽可能大一些，有利于采光。经常打开门窗，让阳光进入牛舍。

3）紫外线照射消毒法。紫外线具有良好的消毒杀菌作用。一般室内消毒，如手术室、更衣室、走廊通道等都可以用紫外线灯照射消毒。

4）干燥消毒法。病菌的繁殖需要一定的温度和湿度，如果牛舍内空气污浊、湿度大，牛的抗病能力就下降，而病菌的繁殖却加快。在这样条件下，不但牛的发病率增高，且不易治愈。牛舍需通过通风换气保持干燥，这样既可以减少致病菌生存，也可以给牛创造良好的生活环境，有利于牛的生长发育和繁殖。

5）高温消毒法。包括火焰消毒，煮沸消毒，干热消毒。

① 火焰消毒。牛舍的屋角、墙缝、地缝等处是病菌长期生存和繁殖的地方，一般消毒药不易杀灭，造成牛患病。所以在保证安全的情况下，用喷灯火焰消毒室内死角，消除隐患效果好。

② 煮沸消毒。一般病原微生物经煮沸30分钟，均可被杀死。此法主要用于工作服、金属医疗器械和玻璃器皿的消毒。以及骨肉、饲料的消毒。

③ 干热消毒。利用特制的干热灭菌箱，通过干燥和高温相结合的方法达到消毒灭菌的目的。对经消毒灭菌后仍需保持干燥的用具，如试管、吸管等玻璃器皿消毒，常用此法。

（2）化学药物消毒法：应用化学药品喷洒，洗涤，浸泡，粉刷，熏蒸等，达到消毒灭菌作用。病原微生物入侵动物体，达到一定的数量和足够的毒力时会使动物患病，所以要定期消毒，消除隐患。

1）消毒药的特性。消毒药对微生物有一定的选择性，有一些消毒药是广谱的，对各种微生物有抑制或杀灭作用；有些只对部分微生物起作用。消毒药有一定的使用浓度，有时浓度高时杀菌作用可能更强，但对牛体和人体及用具的损伤也随之加大。应按要求的浓度使用，在牛发生疫病时，可根据部分消毒药的特性，适当加大浓度和增加消毒次数。

2）常用消毒药物种类

生石灰：用 10% ～20% 的乳剂涂刷墙壁和地面，消毒效果较好。注意一定要现配现用。

来苏尔：对芽孢无效。用 1% ～2% 的来苏尔溶液消毒手和器械；用 4% ～5% 的来苏尔溶液消毒牛舍、运输车辆等。

火碱：对细菌和病毒的杀灭力很强，如果增加浓度可杀灭芽孢。配制 0.5% ～1% 的浓度可用于牛体消毒和室内喷雾消毒。一般消毒用 2% ～3% 的浓度。

苯扎溴铵：配制 0.1% ～0.2% 浓度，可用于手、皮肤和手术器械消毒。

酒精：70% ～75% 的溶液用于手、器械、皮肤、注射部位的涂抹消毒。

碘酒：杀菌作用很强，用 70% ～75% 的酒精配制成 2% ～5% 的碘酊，能杀灭细菌、病毒、真菌和芽孢。一般用于手术部位、伤口的涂抹消毒，动物多用 5% 的浓度。

注意事项：有些消毒药品可以经呼吸道，消化道，伤口等引起家畜中毒，所以使用时要根据不同药物特性，采取防毒措施。例如用漂白粉溶液消毒圈舍后，经过一定时间，应打开门窗、流通空气，将氯气放出，然后让牛进入，以免引起中毒。

（3）生物热消毒法：在粪便和土壤中含有大量的嗜热菌，这种细菌在发育和繁殖中，可以使堆积的粪土温度达到 60 ～70℃以上，在这样高的温度下，经一定时间一般的病原微生物和寄生虫卵均可被杀死。使用此方法消毒，不但可以防止疫病传播，而且可以提高肥效。

1）堆积发酵消毒法。选择偏僻地方，挖一条浅沟，深20厘米，宽1.5~2米，长度可根据需要而定。先用杂草铺底25厘米，然后堆积需要消毒的粪便1~15米，再在外面覆盖10厘米的杂草，用泥土封好，堆积1~3个月。夏季1个月、冬季3个月，即可达到消毒目的。注意用这种方法消毒处理粪便时，如果粪便太稀，可以掺杂一些杂草和干粪，太干时可以加一些稀粪便，不干不稀，便于堆积，促进发酵。如果牛粪较稀，处理时，一般每4份牛粪加1份马粪或干草。

2）粪池发酵消毒法。选择偏僻，地势高，干燥，土质坚硬，地下水位低的地方，挖长方形或圆形粪坑，坑壁，坑底拍打结实，以防漏水。长期使用最好用砖把坑壁和坑底砌上，然后抹上水泥层。使用时先在坑底铺上一层干粪，然后把每天清除的需要消毒的粪便倒入，当粪坑快满时，上面覆盖一层干粪，用泥土封好，经1~3个月即可达到消毒目的。

六、发现病牛及时采取措施

1. 发现牛疑似传染病时，要及时隔离，尽快诊断，并迅速上报。病原不能确诊时，应采集病料送往有关部门检验。

2. 确诊为传染病时，应迅速采取措施，立即对全群牛进行检疫，病牛隔离治疗或淘汰，对假定健康牛进行紧急预防接种，或进行药物预防。

3. 对被病牛和可疑病牛污染的场地、用具等污染物等必须彻底消毒。

4. 病牛或疑似病牛的皮、肉、牛奶，须经兽医检查，根据规定分别进行无害化处理后利用或焚毁深埋。屠宰病牛应在远离牛舍的地点进行，屠宰后的场地、用具及污染物必须进行严格消毒。

第三章　牛病传统诊断法

搞好牛疾病诊断，是对症治疗，促使疾病尽快痊愈的重要方法之一。

一、望诊

望诊是对患牛的有关部位进行有目的的观察，从而获取与诊断病症有关的辨证资料。望诊分为观外形和察色两部分。

在望诊时，不要急于靠近患牛，首先应站在距离患牛适当的地方，对患牛进行一般性地观察。观其精神状态、营养状况、呼吸频率、腹围大小、站立姿势及二便等有关方面有无异常现象。然后由前到后，边走边观察，从头部看到胸腹部，再看臀部及四肢，注意观察有无异常表现。如眼睛是否灵敏有神，被毛是否光亮，颈部腰区是否灵活，呼吸是否均匀，腹围增大还是欣吊，尾根下垂还是直立，肛门或阴户有无异常，体表或四肢关节有无肿胀，四肢站立是否正常等。若怀疑四肢有疾病时，让畜主牵行患牛，仔细观察运动状态，有目的地进行分步望诊。

（一）总体望诊

主要看患牛全身情况。包括神色和外形。通过观察病牛的精神状态、营养状况、各种反常姿势、病理表现等，判断牛有无疾病、病轻病重、病程长短等内容。

1. 望神

"神"是指"精气神"，是牛机体生命活动的外在表现。神不能离开形体而独立存在，形健则神健，形衰则神惫。神的盛衰是形体健康与否的重要标志。观察精气神的变化，可以推知牛体肺腑的强弱、气血盛衰、病邪的深浅、病情的轻重、预后的好坏。牛精神好坏主要从眼睛、耳朵、神志是否正常表现出来。牛精力充沛，目光有神，两耳灵敏，人一接近马上就有反应，表明心神正常，呼吸调匀，称为"有神"，一般是无病状态，即使有病，也是正气未衰，邪气未盛，病情轻，病程短。反之，牛精神萎靡，双目无神，有人接近时反应迟钝，表现头低耳搭，四肢倦怠，呼吸急促或不匀，称为"失神"，表明脏腑内亏，正气已伤，病情重，预后可疑。这就是人们常说的"得神者昌，失神者亡"。

2. 望色

主要是指皮肤和被毛的色泽。它是牛体气血的外荣，因此，通过皮肤和被毛的色泽变化，常可以判断出脏腑的盛衰。健康牛的被毛有光泽，不易脱落。牛患病后，往往被毛粗乱，失去光泽。如患疥癣的牛被毛容易脱落，牛主要是观察被毛色泽。

3. 望形态

形指形体，态指动态。望形态主要是观察病牛形体的肥瘦强弱和动静姿态，来测知疾病的内在变化。

一是观察形体。健康的牛发育正常、肌肉丰满、皮肤光润、四肢轻健。生病的牛则精神萎靡、头低耳搭、毛焦敝吊、四肢倦怠。营养状况在临床上，一般把营养分为良好、中等、不良三种。营养良好的牛肌肉发达，轮廓丰满，骨不显露，皮肤富有弹性，被毛有光泽；营养不良的牛骨骼显露，肋骨可数，皮肤缺乏弹性，被毛无光泽；营养中等的牛，介于两者之间。患病牛短期内很快消瘦，见于急性热性传染病和剧烈腹泻等，长期逐渐消瘦的牛，多因长期营养不良和各种慢性疾病所致。

二是动态。动态的改变与疾病有着密切关系。患不同的疾病，各种家畜表现的姿态也不一样。牛健康休息时，常侧卧于地不见三蹄，用舌舔鼻子或被毛，鼻镜上经常有四季不干的"珍珠汗"，两耳朵前后扇动，人一接近即行起立，起立时常后肢先起，前肢跪地，最后前肢再起。站立或卧地时，常常可间歇性的出现反刍。患病牛，表现为精神倦怠，行步迟缓，反刍减少或不反刍，两耳朵不扇动。如果左侧腹部胀大如鼓，喘气气粗，摇尾踏地，表现不安，则为瘤胃鼓气；如果垂头弓背，嗳气酸臭，鼻镜干燥，腹满胀痛，多为瘤胃积食；如果反刍停止，鼻镜干燥甚至龟裂，牵走一阵后鼻镜出现少量汗珠，排便干小如算盘珠一样，小便赤黄，肷部被毛逆立，多为瓣胃阻塞；如果喜立不卧，卧而又不愿起来，腰略下沉，腹围稍大下垂，当牛改变姿势时，腹部的形态也随之改变，有的牛腹下积水肿胀，多为宿水停脐症（腹水）；如果站立时前肢张开，频频换脚，束步难行，下坡斜走，吭声磨牙，常为胸肋疼痛，多见于创伤性心包炎；如果见腰拖后、脚难移，牵行少动者，多为腰风湿；如果小便淋漓，点滴难下，甚至弓腰卷尾，阴茎肿大，多为膀胱或尿道结石。牛的形态表现在诊断疾病上很重要，如牛卧地不起，头贴于地或抵向肷部，不时磨牙呻吟，表现痛苦，多属重症、危症。

（二）分项望诊

1. 眼睛

健康牛眼睛明亮有光，眼珠灵活，目光有神，表明精力充沛。患病牛眼神不足，失去光彩，精气不足。一般可通过眼结膜检查。

（1）眼睑结膜检查法

检查牛的左眼时，检查者站在牛体左侧，左手持牛鼻绳，右手食指置于眼睑，大拇指放在下眼睑，其余三指放在眼窝上，即可看到眼睑结膜。

（2）眼球结膜检查法

检查牛的左眼时，检查者站在牛体左侧，右手紧握左侧的牛角，然后用左手把牛鼻绳向身边拉，同时右手把牛角往外推，牛头转向侧方，即可以看到眼球结膜。

（3）结膜颜色的检查

正常乳牛、肉牛眼结膜的颜色呈淡红色，水牛呈深红色。结膜颜色的病变有以下几种。

1）结膜苍白。是贫血的表现，迅速发生苍白，见于大失血、肝、脾破裂等；缓慢发生苍白，见于寄生虫病和慢性消耗病等。

2）结膜潮红。是充血的表现。在正常生理条件下，由于剧烈劳动、精神兴奋等引发。可分为弥漫性潮红、树枝状潮红和出血性潮红。

① 弥漫性潮红：常见于眼病，心脏病，肺部疾病，伴有呼吸障碍疾病和急性传染病。

② 树枝状潮红：是结膜血管高度的扩张，常见于脑充血和脑炎等。

③ 出血性潮红：呈针头大或斑点状，常见于败血症和蕨中毒等。

3）眼结膜发黄。是血液内胆红素增多的结果，常见于黄疸。黄色的程度，不仅取决于血液中胆红素的含量，也取决于结膜原来的色彩。如结膜苍白时，轻度黄疸会出现明显的黄色。当结膜潮红时，虽是重度黄疸，但是由于被潮红所掩盖，黄色则不很明显。

4）结膜发绀。结膜发绀，是血液中还原血红蛋白增多的结果。见于呼吸障碍的疾病，肺呼吸面减少和大循环瘀血的疾病。如急性鼓胀、肺水肿、心脏衰弱和中毒等。严重贫血时常不能显示发绀，这是由于血红蛋白减少的缘故。

（4）眼结膜的分泌物

眼结膜的分泌物，由于疾病的发生时期不同，初期为浆液性，以后为黏液性或脓性。见于结膜炎和恶性卡他热等。

（5）结膜肿胀

结膜肿胀伴有增温、疼痛和畏光流泪，常见于结膜炎。

2. 耳朵

耳为肾之外窍，也反应牛的精神状态。健康牛耳朵灵活，反应灵敏。患病牛对呼唤反应迟钝，吆喝呼唤耳无反应者，多属耳聋，病程中用大拇指指甲用力按压而无反应，常为病势严重的表现。

3. 鼻及鼻镜

健康牛鼻孔周围干净湿润，能分辨饲料、饮水的气味。患病的牛必然出现异常的表现。如不时喷鼻涕而流清鼻涕者多为外感风寒；鼻孔张大、鼻翼扇动、呼吸迫促，多为气管或支气管炎；若是流脓性鼻液，两侧都有，多见于鼻疽、腺疫等；若是一侧流脓性鼻液，多为副鼻窦炎；牛鼻气似烟筒，是心肺肝毒火极盛；饮食难咽、饮水反流，多为咽喉肿痛，若牛鼻子流粪水，多为反胃。

牛在正常情况下鼻有"四季不干的珍珠汗"。鼻镜清凉湿润有汗珠存在。若牛鼻镜发热无汗，多为感受热邪，见于暑热证或者其他传染病；汗不成珠，时有时无者，多见于感冒初期；鼻镜湿润，汗成片状者多为风寒湿伤肾，见于腰胯风湿；鼻镜干燥无汗，牵行有细小汗珠流出者多见于瓣胃阻塞；鼻镜干燥龟裂及鼻冷似铁者，多属重病。

4. 口唇

口唇是脾的外应，口唇的变化多与脾经疾病有关。如上唇揭举似笑，常见于慢性胃肠卡他过程；下唇不收是脾虚；双唇绵软下垂，是机体营养障碍和面神经麻痹的表现；唇肿胀糜烂为脾胃有热；嘴唇歪斜，唇下垂及咀嚼障碍，多为外感风邪，见于歪嘴风（颜面神经麻痹）；如果口紧难开，口流涎沫，多为破伤风；不时拌嘴，伸头直颈者，多为食道阻塞；健康牛咀嚼灵活有力，如果咀嚼时表现痛苦，小心，不敢用力，多为口腔或牙齿有病，如口疮等；如果口开合不灵，咀嚼困难，草料在口内搅拌成团又吐出，多为中风及腮颊部有病。

槽口，即食槽。健康牛的槽口宽大、平坦、柔软、干净，表示肺和脾气充足，消化功能旺盛。患病以后，食槽常出现病变，槽内生硬结而不移，多为肺劳、肺败（牛结核病）；槽口慢肿热痛、先硬后软、伴有咳嗽流涕，多为槽结（腺役）；槽口变窄、下颌骨肿起、时有吐草现象，多为翻胃吐草（骨软症）；食槽侧壁有瘘孔，多为腮腺或牙齿疾病。

咽喉发病常见于伸头直颈，口内流涎、咽喉肿痛，吞咽困难，鼻回草水，时发咳嗽等症。常见于咽骨胀、槽结、草噎等病。

健康牛吞咽自如，毫无不安。如果吞咽困难，伸颈不安，并出现水草从鼻孔中反流现象者，多为咽喉肿胀。反刍停止或延缓，常见于慢性前胃弛缓，瘤胃积食，瓣胃阻塞等。若反刍停止，表明病情严重。

观察采食和饮水变化，有助于诊断。如果患牛喜欢吃草不吃料，多为料伤；喜欢吃干草、干料，不愿饮水，多为伤水停饮；仅吃料而不吃草，多为胃寒；见水急饮，热在肺腑；性欲降低或消失，多属寒证；见水急饮，但在口内不往下咽，多为虚热口渴而津液未伤；饮食欲显著减少或废绝，是病情加重的表现。

牛反刍迟缓或停止，常见于脾胃虚弱（慢性前胃弛缓）、宿草不转（瘤胃积食）、百叶干（瓣胃阻塞）等，如果反刍停止，是病情严重的表现。

各种家畜在有疼痛时常有磨牙现象，牛多见于发生创伤性心包炎，发生创伤性网胃炎时最为明显。

5. 呼吸

呼吸是畜体内外清污气体交换的一种生理功能。健康牛的呼吸状态是胸腹部微有起伏，而且吸气和呼气是协调的。牛每分钟呼吸次数为：肉牛和乳牛 10～30 次/分钟，水牛 10～30 次/分钟。

患病以后，呼吸次数及状态均发生变化，呼吸的变化主要反映肺部的病理变化，但是发热、疼痛的刺激常常也能引起呼吸上的明显变化。在观察呼吸动作时应加以区别。

常见的病态牛呼吸变快，气喘，呼吸粗大，变慢等。呼吸时腹部起伏加快加深，多为胸内疾病，为胸膈疼痛的表现，常见于肺炎、胸积水等；呼吸时胸部起伏显著加快加深，多为腹腔疾病，常见于肚胀，腹膜炎等；呼吸时患牛头颈伸直，鼻孔张开，多见草噎或痰积聚。

6. 腰

健康牛背腰平直端正，运动灵活协调。如果腰部弓起，常为肾受寒湿；四肢运动不灵或跛行，腰脊紧硬者，多为腰胯部风湿；腰脊板硬，全身肌肉强直，牙关紧闭，瞬膜外暴，多为破伤风；腰脊板硬，卧地不起，食欲减退，日渐消瘦者，多为咽喉炎、齿龈炎、牙齿不整或软骨症；前行后拽，腰痛胯痛，难卧难起者，多为闪伤或肾经痛；腰瘫腿瘓，四肢拘挛，卧地不起，气促喘粗者，多为风瘫症。

7. 肷窝

肷窝部的变化主要反映胃肠及消化方面的疾病。健康牛肷窝部稍凹而平整，随呼吸而与肋弓部协调运动。如果腹部卷缩，肷吊毛焦，多为消化不良，久病虚弱者；如果肷窝部高起，腹围胀大，腹痛起卧，多为肚胀。

8. 粪

由于家畜的种类不同，饲养管理的差异，所排出的粪便有区别。

健康牛粪便半干半稀，落地后平坦散开或呈叠堆形。患病牛如果粪便稀而黏或稀薄如水或呈糊状，内含黄白色伪膜、黏液或血丝，气味腥臭难闻，多为胃肠湿热，常见于肠炎、痢疾等疾病；如果粪便粗糙，混有未消化的饲料颗粒，气味酸臭，常为料伤积滞；如果粪便带血，颜色鲜红，常在开始排出者多为直肠、肛门出血，多见于牛的劳伤、肠风下血；粪便和血液混杂在一起，呈黑褐色或赤褐色，多见于胃出血、肠炎、痢疾。如果粪便带血，而夹杂有鸡蛋清样的黏液或大量黏液片，无疑是肠炎或痢疾。

9. 尿

牛在正常的情况下，其尿液的颜色、浑浊程度和气味也各不相同。

健康牛尿比较清亮而微带黄色，气味不显著。患病牛尿液常常发生明显的变化。如果久时不排尿，排尿时蹲腰、踏地，有腹痛症状者，多为尿淋、尿结，常见于牛的尿道、膀胱结石；尿血鲜红，或夹杂絮状物者，成为"血尿"，常见于外伤性肾出血，膀胱出血，尿道出血。

二、闻诊

闻诊是通过听觉和嗅觉了解病畜的声音和气味，以诊断疾病。分闻声和嗅气味两个方面。

（一）闻声

闻声包括叫声、呼吸及喘息声、咳嗽声、磨牙及呻吟声等。

1. 叫声

健康牛叫声洪亮而有节奏，一般在求偶、呼群、唤仔等情况下发出。如果叫声异常、声短急而频，伴有中枢神经兴奋症状，多为热毒攻心，恶入心包，邪入心包，见于心肌炎、脑膜炎。

2. 呼吸及喘息音

健康牛在呼吸时气息平和，没有音响。只有在遇到陌生人或受惊时，可发生一种振鼻声，有时因吸入异物，也往往引起连续性的振鼻声。在剧烈运动之后，或怀孕后期，特别是在饮水之后，可使呼吸加快加深，呼吸音变为粗大，这些都是正常的变化，不是病态。

在患病过程中，通常患牛气息平和，表示病情较轻，气息不调的则病情较重，气如抽锯声为病势重危。有病气粗者为邪气有余，多见于外感症热邪入里；气息微弱者为正气不足，多见于内伤虚劳证；呼吸时伴有痰声作响者，多为痰饮壅聚之证；呼吸时伴有鼻塞音响者，多为鼻道肿胀。

喘气有实喘和虚喘之分，喘气声长，张口宣鼻者，为实喘；喘气声低，气短不续者，为虚喘；鼻出硬气者多属危证。

3. 呻吟声及磨牙声

呻吟和磨牙都是家畜在疾病过程中感到疼痛而引起的。牛常见于瓣胃阻塞、创伤性网胃炎、创伤性心包炎、肠梗阻等。

4. 咳声

咳嗽是肺经疾病的一个重要特征。由于疾病的病程不同，咳嗽的声音、时间及伴随的症状也不相同。引起咳嗽的原因，主要是呼吸器官的炎症或异物等的刺激。此外，心衰竭所致的肺瘀血，胸膜受刺激等也可导致咳嗽的变化。

检查咳嗽时，应注意咳嗽的症状，如干咳、湿咳、强咳、弱咳、痛咳和痉挛性咳等。

① 干咳：咳嗽声干而短，呼吸道无渗出液，或少量黏稠渗出物，见于急性支气管炎初期，胸膜炎和早期结核等。

② 湿咳：咳声湿而长，呼吸道有大量渗出液，常见于支气管炎，肺炎和支气管扩张等。

③ 强咳：是喉和气管黏膜受刺激所发生的咳嗽，咳嗽声弱而有力，可推知肺的弹力无异常，见于喉炎和气管炎等。

④ 弱咳：是细支气管黏膜受刺激所发生的咳嗽，咳嗽弱而

无力，见于肺炎，肺气肿，胸膜炎和全身衰弱等。

⑤ 痛咳：咳嗽时伴有疼痛的咳嗽，咳嗽声短而弱。咳嗽时病牛把头颈向前伸展或左右摇动，以示疼痛，见于急性喉炎等。

⑥ 痉挛性咳：咳嗽连续发作，是由于剧烈的刺激所引起，见于异物进入上呼吸道等。

（二）嗅味

1. 口臭

健康牛口内无异味，或带草料气味。患病牛，如果口内气味污秽臭多属胃内有热，常见牛的百叶干；如果口腔气味酸臭，多属胃内积滞，常见牛前胃弛缓等；如果口腔气味腥臭、腐臭，多为口腔黏膜糜烂性溃疡，常见于口腔糜烂、舌疮、齿槽脓肿及下颌骨折感染等。

2. 鼻臭

牛呼吸时发出难闻的臭气，主要见于肺经疾病。如果鼻流出黄灰色鼻脓，气味腥臭，多属肺痈，即民间所说的"气味臭烘烘，一定是肺痈"。鼻流黄色或黄白色鼻脓，气味呈尸臭，多属肺败，即化脓性肺炎，即民间所说的"气味尸臭坏，一定是肺败"。肺病多流鼻，而流鼻不都是肺病，在临床上，必须结合其他伴有症状，进行全面了解，综合诊治。

3. 粪臭

粪臭在胃肠疾病的诊断上很有价值。如果粪便赤黄带血或污黑如浆，荡泄不止，气味腥臭难闻，多为热证，属热属实，常见于急性肠炎、痢疾等；如果粪便颜色变深，外包一层黏液或与粪便一起排出灰白色粘丝状串条，恶臭难闻，属实热症，常见于牛的百叶干（瓣胃阻塞）、中毒后期等。

4. 尿臭

尿臭不但在判定肾与膀胱疾病上很重要，而且在其他脏腑的辩证上也很有参考价值。如果尿液短少，黄赤臭浊，颜色如稠菜油样者，多属实热证，见于膀胱积热等；如果尿清长而无腥臭气味者，多属虚寒证；如果尿液气味腥臭呈褐色者，多为肾受损伤之症。

三、问诊

（一）问诊内容

问诊主要内容包括发病后的症状表现、牛发病时间与经过、发病头数、病牛来源、饲养管理及使役情况、治疗经过、既往病史、配种和胎产等。

1. 发病后的症状表现

牛发病以后，一般通过望、闻、切三种诊断方法，大体上是可以诊察到的，但是，通过与养牛者交谈，可以获得更多的诊断依据，尤其是诊断前已经出现过但临床表现不明显的一些症状。询问时重点了解牛采食、饮水、排粪尿、有无咳嗽、气喘、腹痛、出汗等方面的情况。如果临床症状虽然剧烈，但是饮食还好，表示病症轻，预后良好；如果临床症状不突出，而饮食废绝的表明病症重，预后慎重。如咳嗽气喘，昼轻夜重，多属虚寒，昼重夜轻，多属实火。

2. 发病时间与经过

询问发病时间和经过，可以初步推断是新发病还是长久患病。同时结合现临床症状表现可以确定正邪的盛衰，以及病症的表里、寒热、虚实属性。如病症突发，多属外感实证，如久病虚弱，多属内伤虚证。

3. 发病头数

对牛的一些突然发病，病势紧急，病情严重的病例，在诊断过程中询问病史时，要问一下同类牛发病的头数，这对判断是否是疫病很重要。如在同一个牛舍，同一区域发病牛头数较多，伴有发热，临床症状基本相同，死亡率较高，多为传染病；临床症状基本相同，但无高热，伴有神经症状，多属于中毒或某种营养物质缺乏等。

4. 来源

掌握病牛是自繁自养的，还是从外地购买的，如果是购买的，买进时间长短。结合当地的疫情，可以考虑是否有某种传染病或寄生虫病的可能性。

5. 饲养管理及使役情况

在饲养方面，应从饲料种类、品质、来源、饲料调制及饲喂方法方面进行了解。如饥饱不匀、空肠骤饮冷水、突然改换饲料或饲料发霉变质等，容易引起腹痛、腹胀、腹泻等。在管理方面，了解有无牛舍、舍里保暖、通风、防暑、光照等条件、牛舍内外及牛体卫生消毒情况等。如寒夜拴系于室外，或牛舍寒冷、潮湿、卫生不洁，气候突变，贼风侵袭等，极易发生感冒、风湿及呼吸道疾病。

使役过度，长途运输的牛，容易发生心脏和呼吸器官的疾病。

6. 治疗经过

询问病牛何时注射了哪些疫苗，在排除某些传染病方面很重要。了解患病后治疗情况，对于确诊疾病，科学用药，提高疗效，避免医疗事故发生很必要。如果了解不清楚，盲目用药，会造成不良后果。

7. 往病史

要了解以前曾患过何种疾病，有些疾病患过以后可以产生免疫力，终生不患。有些疾病可以由急性转为慢性，如牛急性肠炎转为慢性肠炎。牛若曾经发生创伤，则可能引起破伤风；反复发生眼病可能是月盲眼；长期翻胃吐草，可能是瘤胃积食；长期跛行，可能是软骨病等。

8. 种和胎产

了解公牛是否有阳痿、滑精、精少等肾虚症状。母牛了解妊娠、胎产情况。这对牛病诊断和科学用药很有宜处。

（二）注意事项

对于病牛所处的环境，饲养管理条件及发病情况，饲养员最为了解。问诊时，兽医要态度温和，虚心诚恳，有目的重点发问，灵活掌握，并与饲养员共同讨论，从中了解病牛详细情况，并详细做好记录进行备案。

四、切诊

切诊就是依靠手指，在畜体表或体内不同的部位上进行切、按、触、叩等，从而获得辨证资料的一种方法。如脉象的盛衰、体表的寒热、局部肿胀的性质，肠道阻塞的情况，卵巢发育阶段等，只有通过切诊才能诊查出来。包括脉诊和触诊两个部分。

（一）脉诊

脉诊是兽医学独特的诊断方法。它靠手指感觉来检测脉搏性状的变化，以分辨不同脉象与主病。

1. 牛的诊脉部位及方法

牛的诊脉部位在尾动脉。尾动脉位于尾根底面近肛门处。诊脉时，兽医站在患牛的正后方，左手将尾根略微上举，用右手食指、中指、无名指末端放于尾动脉上，拇指放在尾背面固定尾部，记录一分钟脉搏的次数。

2. 脉搏频率

脉搏频率是指一分钟脉搏次数。

（1）正常牛脉搏次数

正常牛脉搏次数，分别为肉牛和乳牛 40～80 次/分钟，水牛

36~50次/分钟。正常脉搏次数在下列情况下可发生变化。

① 畜种：一般大牛脉搏次数比小牛少。

② 年龄：老龄牛脉搏次数比幼年的少。

③ 性别：公牛的脉搏次数比母牛的少。

④ 妊娠：妊娠牛的脉数，随妊娠时间而增加，妊娠末期的脉数比非妊娠的脉数增加15%~30%。

⑤ 分娩：如到分娩时期，脉搏次数增多。

⑥ 泌乳：泌乳牛脉数比非泌乳的多，泌乳量多的脉搏次数增加。

⑦ 兴奋：兴奋时脉搏增加，但是安静后恢复正常。因此，检查脉搏时要注意安静。

⑧ 运动：脉搏次数随运动而增加。

⑨ 外温：外界气温过高或过低时，脉数也会增加。

（2）异常脉数

在病理状态下，脉搏次数可发生变化，出现频脉和徐脉。

频脉：脉搏次数较正常增多称为频脉。见于兴奋、疼痛性疾病、血压下降、热性病、心肌炎和重症贫血等。在热性病的过程中，一般脉搏次数增多，如体温下降，脉搏仍频数，为预后不良的象征，表明心脏功能发生严重障碍，在临床上脉数增加到100次以上，要注意心脏功能的检查。

徐脉：脉搏次数较正常减少为徐脉，见于阻塞性黄疸、慢性脑积水和房室传导阻滞等。

3. 脉搏性质

包括脉搏的大小、强弱、紧张度和脉搏的升降速度等。

大脉与小脉：脉搏的大小，取决于心收缩时输出的血液量，大脉见于发热，左心肥大等；小脉见于心脏衰弱、大失血等。

强脉与弱脉：脉搏的强弱，表现于动脉的充实度。强脉见于发热、心肥大等；弱脉见于心脏衰弱、主动脉口狭窄等。

硬脉与软脉：脉搏的软硬，取决于动脉管壁的紧张度。硬脉见于动脉硬化、破伤风等；软脉见于心脏衰弱、大失血等。

速脉与迟脉：根据脉波的升降速度而出现。速脉脉波迅速上升，又急速下降，是主动脉瓣闭锁不全的特征；迟脉是脉波慢慢上升，又慢慢下降，为主动脉口狭窄的象征。

4. 脉搏节律

正常的每次脉波是规则整齐的，每次间隔是相等的，称为正常脉搏节律。节律异常，会导致出现不整脉。

整脉：就是有规则有节律的脉搏。如正常的脉搏。

不整脉：就是每次脉波持续的时间不相等的脉搏。

诊脉时注意事项。先让牛休息一下，待站立宁静，呼吸平稳，气血调匀以后，然后再进行切脉。

（二）触诊

触诊方法一般用手掌和指腹的感觉为标准。

1. 体温检查

测量体温是临床检查的重要方法之一，对疾病的性质、种类和预后的判定有重要意义。在传染病发生时，检查体温可以及时发现病牛，避免传染，早期治疗，减少经济损失。

恒温动物的体温，经常保持一定的水平。正常体温受许多因素的影响而略有波动，其变化范围在1℃以内。早晨体温略低，下午略高，相差0.2~0.5℃。

（1）牛体温测定方法：体温检查是在直肠检查。侧牛的体温，兽医站在牛的正后方，左手把牛尾提起，暴露肛门，右手拿温度计，将水银柱甩到35℃以下，并涂上润滑剂，然后把体温计慢慢从肛门内插入，要有一定的深度。再把附在体温计上的夹子夹在被毛上，经3分钟取出，先擦净体温计上的粪便，再看水银柱上的度数。

性情暴躁的牛，特别是公牛，要保定后才能测量体温，以防人被牛踢伤。剧烈运动或在阳光下曝晒的病牛，可使体温升高，必须休息 30 分钟后，再进行测量体温。

正常牛体温是：乳牛、肉牛 37.5~39.5℃，水牛 36~38.5℃。

（2）发热

正常的体温，在体温中枢的控制下，保持一定的范围内。当体温调节功能发生障碍时，体温高于正常范围，称为发热。组织损伤的产物，异种蛋白质经消化道以外的途径进入体内以及在细菌性致热原或感染的作用下，动物体的白细胞也可释放致热物质，直接作用于体温调节中枢而产生发热。按体温升高的程度，可分为下列 3 种发热。

微热：较正常体温增高 1℃，见于急性支气管炎等。

中热：较正常体温增高 2℃，见于支气管肺炎等。

高热：较正常体温增高 3℃，见于败血症等。

发热过程可分为三期。上升期、极期、退热期。

在发热过程中，把每日上午 8 时和下午 17 时两次检查温度的结果记录下来，连成曲线，即体温曲线。根据体温的曲线分为不同的热型。分为以下四种。

稽留热：高热连续不退，日差在 1℃ 以内，称为稽留热。常见于大叶性肺炎等。

弛张热：体温日差在 1℃ 以上，而不降到常温，称为弛张热。见于小叶性肺炎等。

间歇热：有热期和无热期交替发生，有热期短，隔 2~3 日发热一次，称为间歇热。常见于锥虫病等。

回归热：有热期和无热期以较长的时间交替出现，称为回归热。见于血孢子虫病等。

（3）体温过低

体温过低就是体温在常温以下，见于牛产后瘫痪、虚脱和疾病的濒死期等。

2. 口温、耳温、角温、鼻温检查

口温：健康牛的口温，用手指感觉温热而湿润。如果口舌温度较低，多属寒证；口内发热多属热证；口温冰凉，多属寒极，其病重危；口温热而干燥，则为里热化火；口舌燥热，干裂津枯，多属热证，病多重危。

耳温：健康牛的耳根部较温热，耳尖较凉。病牛如果耳根、耳尖均热，常属热症；耳根、耳尖均凉者多为寒症；耳尖时冷时热，多属寒热往来，为半表半里症，常见伤风感冒；耳根、耳尖均俱冷的，病多重危。

角温：触诊时用手握住牛角，小指接触牛角有毛无毛处，四指并排，如果小指与无名指感到热则体温正常；如果中指也热，体温偏高；如果食指也感到热，则属发热无疑。

鼻温：用手掌遮于患牛的鼻头，即鼻镜下方，感到鼻端和呼出的气体的温度。健康牛的鼻端温和有湿润感，呼出的气体不冷不热。如果感到发热或比正常温度高，则为热症阳证，反之为寒症阴证。

3. 肿胀检查

由于外感内伤或跌打损伤等原因引起局部气滞血瘀，结聚一处而发生的肿胀。

黄肿：一般黄肿是肿在皮里肉外，初肿硬而痛，针刺流血水，后变软针，刺流黄水，疼痛逐渐减轻，指压有压痕，经久不起。

患部高肿，灼热疼痛，周围界限明显，触摸坚硬者为硬肿；如果化为黄水，呈面团状或软而波动，用针穿刺有黄水流出，触诊温而轻痛，则为软肿；如果肿胀弥漫，无热无痛，触之有压痕而长久不起者，针刺流淡黄色液体，称为浮肿或水肿，常见于胸前、腹下。

痈肿：起初似黄，继则化脓，温热疼痛，中心有波动。如果肿胀坚实，温热疼痛，久不成脓，伴有全身热现象，多为深部痈肿。

血肿：多因撞跌扑打，瘀血积聚所成，触之热痛不显，肿胀不硬也不软，穿刺有血流出者，称为血肿。

4. 胸腹检查

用手触压或叩打胸腹部感觉其软坚及疼痛反应等，在某些疾病的诊断上作用较大。如按压病牛胸部两肋间，表现疼痛者，常见于肺疼；如果在牛的肘后胸骨柄部触压，表示疼痛躲闪，兼有站立前肢张开，多立少卧，下坡疼痛及胸前水肿等，多为误食金属尖物。多见于创伤性心包炎。

牛肚腹胀大，用手叩打左侧肷部，呈鼓响音者则为瘤胃鼓气；触诊左侧肷部满而坚硬者，则为瘤胃积食；触诊右侧腹壁，紧张而坚硬者，多为瓣胃阻塞；两侧腹部下沉，触诊紧张，多见于腹膜炎。

第四章　牛病常用治疗技术

一、牛的保定法

（一）徒手保定

操作方法是用一只手紧握住牛角根部，另一只手用拇指、食指与中指捏住鼻中隔即可保定。此种方法适用于一般检查，灌药，肌内注射和静脉注射。

（二）鼻钳保定

操作方法是用鼻钳夹紧鼻中隔，用手持钳柄加以固定。此法可用于一般检查，肌内和静脉注射。

（三）两后肢保定

操作方法是取一条两米长的粗绳，折成等长的两段，与肘关节上方将两后肢胫部围住，然后将绳子一端穿过折转处，向一侧拉紧。此法用于恶癖牛的一般检查，静脉注射及乳房、子宫、阴道疾病的治疗。

（四）柱栏保定

1. 两柱栏保定

操作方法是将牛牵至两柱栏内，鼻绳系于头侧栏柱，然后缠绕围绳，吊挂胸、腹绳即可保定。此法可用于临床检查，各种注射及颈、腹、蹄等部位疾病的治疗。

2. 四柱栏保定

操作方法是将牛牵至四柱栏内，上好前后保定绳即可保定。必要时可以加上背带和腹带。

二、投药法

（一）药瓶投药法

本法是将药物用水溶解或调成稀粥样，如中草药的煎剂等装入药瓶，经口投服。所用用具有橡皮瓶、长颈酒瓶、盛药盆等。

操作方法：助手一手牵住牛绳，另一手握住鼻中隔，或使用鼻钳进行保定，使牛头抬起。灌药者左手从牛口角一侧插入，打开口腔并轻压住牛舌头，右手持盛满药液的药瓶从另一侧口角伸入送向舌背部，抬高药瓶后部轻轻振抖，并轻压橡皮瓶使药液流出，吞咽中继续灌服，直至灌完。

注意事项：每次灌药量不宜太多，速度不能太快，否则容易将药物呛入气管内。灌药过程中，牛出现强烈咳嗽症状时，应暂停灌药并使头低下，将药液咳出。头部抬起的高度，以口角与眼角的连线略呈水平为宜，如果过高，易将药液灌入气管内或肺中，轻者引起肺炎，重者可造成死亡。牛咀嚼、吞咽时如果药液流出，应以药盆接住，可减少损失。

（二）胃管投药法

当含水量较多，药品带有特殊的气味，经口腔不易灌服时，一般都通过胃管投药。用具为软硬适宜的塑料管（根据牛的体重、大小不同选用相应的口径及长度），漏斗，开口器。

操作方法：可经牛口或鼻插入胃管。经牛口插入时先将牛进行保定，并带上木质开口器，固定好头部，将胃管涂上润滑剂后，自开口器的孔内送入，尖端到达咽喉部时，牛将自然吞下。确定胃管插入食管后，接上漏斗即可灌药。灌完药后慢慢抽出胃管，解下开口器。

注意事项：胃管使用前要仔细洗净消毒，涂以润滑油，插入或抽出时动作要轻柔徐缓。有明显呼吸困难的牛不宜使用，有咽炎的牛更应禁用。应确定正确插入食道深部或胃内后再灌药。如果灌药后引起咳嗽、气喘，应立即停止灌药；如果中途因牛骚动使胃管移动脱出应停止灌药，待重新插入并确定无误后再进行灌药。经鼻孔插入胃管，可因管壁干燥或强烈抽动而损伤鼻和咽黏膜，引起肿胀发炎等。引起鼻出血。如果少量出血时，可将牛头部高抬或吊起，进行鼻部冷敷，或用药棉暂时堵塞一侧鼻腔。必要时配合使用止血剂、补液乃至输血。胃管插入食道或气管的鉴别要点①见表4－1。

表4－1　胃管插入食道或气管的鉴别要点

鉴别方法	插入食道内	插入气管内
胃管送入时的感觉	插时稍感前送有阻力	无阻力
观察咽、食道及牛的动作	胃管前端通过咽部时可引起吞咽动作伴有咀嚼，牛表现安静	无吞咽动作，可引起咳嗽、动作表现不安
触诊颈沟部	可摸到在食管内有一坚硬探管	无
将胃管外端放耳边听诊	可听到不规则的咕噜声，但无气流冲耳	随呼吸动作而强有力的气冲耳
用鼻嗅诊胃管外端	有胃内酸臭味	无
观察排气与呼气动作	不一致	一致
接橡皮球打气或捏扁橡皮球后再接于胃管外端	打入气体时可见颈部食道呈波动状膨起，接上捏扁的橡皮球后不再鼓起	不见波动状膨起，橡皮球迅速鼓起
用嘴吹入气体	随气流吹入，颈沟可见明显波动	不见波动
将胃管外端浸水盆内	水内无气泡发生	随呼气动作，水内有规则的出现气泡

① 引自——张宏伟，武瑞．动物疾病防治．哈尔滨：黑龙江人民出版社，2005.

（三）药物误投入肺的表现及其抢救措施

表现症状：牛突然出现骚动不安，频繁咳嗽，并有药液从口、鼻喷出，呼吸加快且困难，鼻翼张开或张口呼吸，继而可见肌肉颤抖，大出汗，黏膜发绀，心率加快，数小时后体温升高，肺部出现啰音，并呈异物性肺炎症状。当灌入大量药液时，可造成迅速死亡。

抢救方法：在灌药过程中，如果发现异常，立即停止灌药，使牛低头，促进咳嗽，咳出药物，应用强心剂，或以少量阿托品兴奋呼吸，同时应大量注射抗生素制剂。

（四）灌角投药法

碾压较粗的中药，调制成糊状，用灌角将药经口灌入。灌药时，由助手牵引鼻环或吊嚼，使牛头稍仰，灌药者一手持盛药的灌角，顺口角插入口腔，送至舌面中部，将药灌下，同时另一手持药盆，接取自口角流出的药液。

三、瘤胃穿刺术

常用于瘤胃急性膨气，以及向瘤胃内注入药液等。

穿刺部位：左肷部，髋关节和最后肋骨连线的中点，或选在瘤胃隆起的最高点。

操作方法：牛站立位保定，术部剪毛、消毒。术者将皮肤切一小口，易于使套管针刺入，用套管针垂直刺入瘤胃约10厘米，然后固定套管，拔出针芯，使瘤胃内的气体持续、缓慢排出。如果遇到套管针堵塞，可插入针芯疏通，切忌拔出套管针。排完气插入针芯，手按腹壁并紧贴胃壁，拔出套管针，对皮肤切口做针结节缝合，术部涂以碘酊。经套管针可以直接向瘤胃内注入药液。若没有套管针，可用大号针头、穿刺针代替。

注意事项：避免多次反复穿刺，第二次穿刺时不应在原穿刺口进行。放气速度不要太快，以防发生急性脑贫血。排出气体后，为了防止复发，可经套管向瘤胃内注入防腐消毒剂，如5%来苏尔液200毫升或1%～2.5%甲醛液500毫升等。注药前一定要确定套管是否在留胃内。

四、导胃与洗胃法

用于牛瘤胃积食或瘤胃酸中毒时排出内容物及毒物，或用于胃炎的治疗。

用具及药品：导胃用具用牛胃管给药，牛的导胃管较粗，内径应不小于2厘米。洗胃应用39～40℃温水。此外，还可根据需要，用2%～3%碳酸氢钠溶液、1%～2%食盐水、0.1%高锰酸钾溶液等。备有吸引器。

操作方法：牛在栏内站立保定。按胃管投药法投入胃管，前端经贲门到达胃内后，阻力突然消失，此时可有酸臭味或食糜排出。如果不能顺利排出胃内容物时，可装上漏斗灌入温水，将牛头低下，利用虹吸原理或用吸引器抽出胃内容物。如此反复多次，直至病情好转为止。治疗胃炎时，导出胃内容物后，要灌入防腐消毒药。冲洗后缓慢抽出胃管，解除保定。

注意事项：保定好牛，胃管长度和粗细要适当。瘤胃积食应反复灌入大量温水才能洗出内容物。

五、灌肠术

用于治疗便秘、发生中毒或中暑等疾病。

操作方法：保定好牛，并将牛尾巴向上方或侧上方固定。用灌肠器或直径约1.5厘米有弹性的硬胶管（一端管头呈球状，另一端插上漏斗），管的前部涂油或润滑剂，插入肛门，轻轻转动胶管，贴直肠壁缓慢往里插进，遇到阻力时不能硬插，以免刺破肠壁。遇到粪便排出时，要等粪便排完再继续往里插。灌水时，助手抬高管子另一头的漏斗（或灌肠器），加水，让水流入肛门，当水流动不快时，反复抽动管子即可。灌肠可用温水、2%盐水，便秘时可用肥皂水。

六、子宫冲洗法

是用于治疗子宫内膜炎的一种方法。主要是为了排出子宫内的炎性分泌物，促进黏膜修复，尽快恢复生殖功能。

操作方法：冲洗前，准备好常规消毒子宫洗涤器具。常使用硬质橡皮管或塑料管代替子宫洗涤器，用大玻璃漏斗或铁皮漏斗代替唧筒或挂桶。冲洗时，应将导管小心地从阴道插入子宫颈内。冲洗药液的选择，应根据炎症经过而定。一般采用0.1%高锰酸钾液、0.02%苯扎溴铵液等。可隔天冲洗1次，每次药液量1万毫升左右，冲洗至药液流出子宫时保持原状态不变为止。为了使药液和黏膜更充分地接触，冲洗时可用一只手伸入直肠，在直肠内轻轻按摩子宫。

注意事项：要避免插入时用力过猛而发生子宫穿孔，冲洗时药液必须尽量排空。

七、导尿术

母牛膀胱过度充满而又不能排尿时，可实行导尿。做尿液检查而未见排尿，也可以导尿取尿样。

操作方法：牛施行站立保定，把肛门和外阴部清洗后，再用酒精消毒。导尿者左手放在牛臀部，右手持导尿管伸入阴道内，以食指触摸尿道外口，借助拇指、中指的协助，把导尿管前端头部插入尿道外口内。

注意事项：尿道外口位于阴道前庭尿道下盲囊皱襞上方稍前

处。导尿时尽管导尿者的食指早就感到有一个纵行圆柱状组织，并且食指指端也可伸入到尿道外口内，但要将导尿管送入其中仍较困难，这是由于导尿管头部圆滑，有时涂润滑剂及尿道外口由软组织组成以致呈闭合状态的原因，所以操作时要细致。

八、乳房送风法

乳房送风法在治疗牛瘫痪疾病中有较好的疗效。

操作方法：应用乳房送风器和乳导管。送风前可使患病牛横卧成便于送风姿势。对乳房严格消毒、擦干净，将乳房内的乳汁挤尽，再用酒精消毒乳头孔，先在乳房送风器的金属筒内放入消毒纱布或脱脂棉，以备滤过空气。之后将消毒乳导管通过乳头管插入乳池内，连接送风器，手握橡皮球徐徐打气。打入空气量以乳房皮肤紧张，基部边缘轮廓清楚为准，此时用手指弹敲乳房呈鼓音。必须注意，送风过量会发生乳腺腺泡破裂，过少又不起作用。送风结束后，用纱布条轻轻扎住乳头，不使空气逸出，1~2小时后可解除掉。送风后应取青霉素40万单位，溶于200毫升生理盐水内分别注入4个乳房内，防止发生炎症。

九、手术疗法

对所有化脓性炎症，为了防止有机体中毒，当某一部位已经化脓出现波动时，应立即实施手术切开，切除坏死组织，畅通排脓。对一些深在性炎症，如果脓性浸润逐渐增加，而有使组织发生坏死危险时，可不必等待化脓成熟即行早期切开。切开后可按一般创伤处置治疗。

第五章　常用中草药

一、解表药

凡能发散肌表外邪，解除表证的药，称之为解表药。解表药大多味辛，具有发散通性。其性有温热和寒凉两种，前者用于发散风寒表证（偏于发汗），后者用于发散表热（偏于清热）。

本类药物如果使用不当，都能损伤正气，因此对于虚弱津少患畜，应配伍补养药物应用。

（一）辛温解表药

1. 麻黄

性味及归经：辛、苦、温。入肺，心，大肠，膀胱。

功用：解表散寒兼平喘利水。

主治与用量：外感风寒，咳嗽气喘，水肿。马牛 20～50 克。

2. 桂枝

性味及归经：辛、甘、大热。入肺，心，大肠。

功用：解肌发汗，温经通络。

主治与用量：外感风寒，自汗，咳嗽气喘，四肢麻痹。马牛 20～50 克。

3. 葱白

性味及归经：辛、温。入肺，胃。

功用：发汗，散寒，通阳。

主治与用量：风寒感冒，赤白痢疾。马牛 25～75 克。

4. 荆芥

性味及归经：辛、微温。入肝，肺。

功用：祛风解表，利喉目。

主治与用量：外感风热，利喉目。马牛 25～75 克。

5. 细辛

性味及归经：辛、温。入心，肝，肺，肾。

功用：散风祛寒，止痛。

主治与用量：风寒湿痹，肺寒咳嗽，膀胱受冷，外用吹鼻开窍。马牛 15～25 克。

6. 白芷

性味及归经：辛、温。入肺，胃，大肠。

功用：解表祛风，散寒胜湿，活血止痛。

主治与用量：风寒感冒，冷痛，肚胀，诸疮，脓肿。马牛 25～50 克。

7. 防风

性味及归经：辛、甘、温。入肝，肺，脾，胃，膀胱。

功用：解表散寒兼平喘利水。

主治与用量：外感风寒，关节疼痛，产后中风。马牛 25～75 克。

8. 生姜

性味及归经：辛、微温。入肺，脾，胃。

功用：健胃，偏祛风散寒。

主治与用量：外感风寒，反胃吐草，腹痛泄泻。马牛 25～75 克。

（二）辛凉解表药

1. 薄荷

性味及归经：辛、凉。入肺，肝。

功用：疏散风热，清目热，利咽喉。

主治与用量：外感风热、咽肿，目赤。马牛 25～75 克。

2. 柴胡

性味及归经：苦、平。入肝，胆，心包，胃，大肠。

功用：疏肝解热，升阳解郁。

主治与用量：寒热往来，肝郁肋痛，气虚脱肛。马牛 25 ~ 75 克。

3. 葛根

性味及归经：甘、辛、平。入脾，胃，大肠。

功用：发表，解肌，退热生津止渴。

主治与用量：热病表证，上焦火热，肝热目赤。牛 30 ~ 100 克。

4. 蝉蜕

性味及归经：咸、甘、寒。入肺，肝。

功用：疏散风热，镇惊解痉，透疹，退目翳。

主治与用量：逐散风寒，定惊退翳，马牛 25 ~ 50 克。

5. 桑叶

性味及归经：苦、甘、寒。入肝，肺。

功用：疏风散热，利水明目。

主治与用量：目赤流泪，翳膜障眼，一切风痛，水肿。马牛 25 ~ 50 克。

6. 菊花

性味及归经：甘、微苦、平。

功用：清热解毒，平肝明目。

主治与用量：风热表证，上焦火热，肝热目赤。马牛 25 ~ 75 克。

7. 蔓荆子

性味及归经：苦、甘、辛、微寒。入肝，肺，膀胱。

功用：疏风散热，明目退翳。

主治与用量：风热感冒，目赤流泪。马牛 25 ~ 75 克。

8. 豆豉

性味及归经：甘、淡、微苦、寒。入肺，胃。

功用：解表健胃，除烦。

主治与用量：肺热，虚劳气喘，消化不良，烦躁不安。牛40～100克。

9. 升麻

性味及归经：甘、辛、苦、微寒。入肺、脾、胃、大肠。

功用：发表散风，升阳解毒。

主治与用量：咽喉疼痛，久痢脱肛，子宫脱出。马牛25～75克。

二、清热药

凡能清解里热药物，都属清热药。清热药的性味，大多苦寒，用于温病。如高热、口渴、血热忘行等症。

根据药物的性味不同，可分为清热降火、清热燥湿、清热解毒、清热凉血等类。

本类药物易伤脾胃。所以对脾胃虚弱，食少泄泻，阳气衰微者慎用。

（一）清热降火药

1. 石膏

性味及归经：甘、辛、大寒。入肺，胃，三焦。

功用：清热降火，生津解毒。

主治与用量：胃肠湿热，肺热，咽喉肿痛。马牛25～100克。

2. 知母

性味及归经：苦、寒。入肺、肾、胃。

功用：清肺，止咳，清火，消肿。

主治与用量：清肺咳嗽，肠燥便结，疮癀。马牛20～75克。

3. 枝子

性味及归经：苦、寒。入心，肺，三焦。

功用：清心热，利胆消肿，妙用止血。

主治与用量：目赤热痛，发热口渴，黄疸，外用跌打损伤。马牛 25～60 克。

4. 芦根

性味及归经：甘、寒。入心，肾，胃。

功用：清肺热，清胃热，止呕。

主治与用量：清肺胃实热，小便不利，呕逆。马牛 30～100 克。

5. 元参

性味及归经：苦、咸、微寒。入肺，肾。

功用：滋阴降火，清热解毒。

主治与用量：清热定喘，咽肿目赤，大便燥结。马牛 25～75 克。

6. 茶叶

性味及归经：苦、甘、寒。入心、肾、胃。

功用：清热降火，利水提神。

主治与用量：烦渴，精神倦怠，小便不利。马牛 25～75 克。

（二）清热凉血药

1. 生地

性味及归经：甘、苦、寒。入心，脾，胃。

功用：清热凉血。

主治与用量：肺胃实热，血热津枯，便秘，咽喉肿痛。马牛 25～75 克。

2. 丹皮

性味及归经：辛、苦、微寒。入心，肝，肾，心包。

功用：活血行淤，清热凉血。

主治与用量：血热，舌绛，吐血，阴虚发热，痈疮。马牛 25～60 克。

3. 赤芍

性味及归经：苦、微寒。入肝。

功用：消痈散肿，血分淤热。

主治与用量：疗疮肿毒，瘀血凝滞，肠热下血，腹痛目赤。马牛 20～50 克。

4. 白头翁

性味及归经：苦、寒。入胃，大肠。

功用：清热，凉血，止痢。

主治与用量：热毒痢疾，鼻出血。马牛 25～75 克。

5. 地骨皮

性味及归经：甘、寒。入肺，肝，肾三焦。

功用：清热凉血。

主治与用量：阴虚潮热，肺热咳嗽。马牛 25～75 克。

6. 白茅根

性味及归经：甘、寒。入心、脾、胃。

功用：除伏热，解烦渴，消瘀血，止血利水。

主治与用量：尿血，内热烦渴，小便不利。马牛 30～75 克。

（三）清热燥湿药

1. 黄连

性味及归经：苦、寒。入心，肝，胆，胃，大肠。

功用：清心火，去胃肠湿热，泻肝火，解毒。

主治与用量：湿热泻痢，口舌生疮，目赤喉痛，热毒疮痈。马牛 15～50 克。

2. 黄芩

性味及归经：苦、寒。入心，肺，大肠，肝，胆。

功用：清肺，胃热。

主治与用量：热病，肺热，咳嗽，热痢热泻。马牛 25～75 克。

3. 黄柏

性味及归经：苦、寒。入肾，膀胱。

功用：清下焦热。

主治与用量：湿热黄疸，赤白痢疾，热毒疮疡。马牛 25 ~ 60 克。

4. 龙胆草

性味及归经：苦、寒。入肝，肾，膀胱。

功用：清热燥湿，泻肝胆火。

主治与用量：目赤，喉痛，湿热痢疾，消化不良。马牛 25 ~ 75 克。

5. 茵陈蒿

性味及归经：苦、平、微寒。入膀胱。

功用：清热利湿。

主治与用量：湿热黄疸，小便不利。马牛 25 ~ 75 克。

6. 胡黄连

性味及归经：苦、寒。入心，脾，肝，胆。

功用：清湿热，杀虫。

主治与用量：下焦湿热，血痢脱肛，肝热目赤，阴虚潮热，虫积。马牛 20 ~ 50 克。

（四）清热解毒药

1. 金银花

性味及归经：甘、寒。入肺，胃，心，脾。

功用：清热解毒，散热疏风。

主治与用量：热症初起，热在上焦，痈肿毒疮。马牛 30 ~ 100 克。

2. 连翘

性味及归经：苦、微寒。入心，胆，三焦，大肠。

功用：清热解毒，消肿散结。

主治与用量：外感风热，温病初起，疮疡肿毒，乳痈咽痛。牛 25 ~ 100 克。

3. 板蓝根

性味及归经：苦、寒。入肝，胃。

功用：清热解毒、凉血利咽。

主治与用量：血热，热毒，血痢，黄疸，咽喉肿痛。马牛 25 ~ 50 克。

4. 蒲公英

性味及归经：苦、甘、寒。入脾，胃。

功用：清热解毒，消肿散结。

主治与用量：热毒，乳痈，胃火。马牛 40 ~ 100 克。

5. 败浆草

性味与功能：苦、辛、微寒。入胃，肠，肝。

功用：清热解毒，消肿排脓，活血行淤。

主治与用量：血滞引起的胸腹疼痛。牛 20 ~ 40 克。

6. 黄药子

性味及归经：苦、平。入心，肺，脾。

功用：凉血降火，和脾胃，解毒消肿，止咳定喘。

主治与用量：肺热气喘，咽喉肿痛，疮黄肿毒，三喉症。马牛 30 ~ 100 克。

7. 白药子

性味及归经：辛、温。入肺、心、脾。

功用：凉血降火，和脾胃，解毒消肿，止咳定喘。

主治与用量：肺热气喘，咽喉肿痛，疮黄肿毒，三喉症。多用肺热。马牛 30 ~ 100 克。

8. 牛蒡子

性味及归经：辛、寒。入肺，胃。

功用：清热解毒，祛痰散结，解毒透疹。

主治与用量：感冒风热，咳嗽痰多，咽喉痛。马牛 35 ~ 90 克。

9. 地龙

性味及归经：咸、寒。入脾，胃，肾。

功用：清热解毒，止咳镇惊，利水。

主治与用量：热病惊狂，喘咳，小便不利。马牛 20 ~ 75 克。

10. 青黛

性味及归经：咸、寒。入肝。

功用：清热解毒，凉血消斑。

主治与用量：血热，热毒疮痈，外用治舌疮。马牛 20 ~ 30 克。

11. 马勃

性味与功能：辛、平。入肺。

功用：清热，凉血消肿。

主治与用量：咽喉肿痛，热毒腮肿。牛 75 ~ 250 克。

12. 山豆根

性味与功能：苦、寒。入肺，心，大肠。

功用：清热，解毒，消肿。

主治与用量：血瘀，咽喉肿胀，疮癀肿毒。牛 25 ~ 60 克。

13. 射干

性味与功能：苦、寒。入肺，肝。

功用：清热解毒，利咽喉。

主治与用量：咽喉肿痛，肺热多痰，喘逆气急。牛 15 ~ 45 克。

三、泻下药

凡是能引起腹泻或滑利大肠的药物，称为泻下药。

泻下药既能排出肠内宿粪等有害物质，又能通过泻下，达到清火泻火目的。根据泻下药的不同特性，可分为攻下药、润下药、峻下逐水药。攻下药用于实结症；润下药用于体质衰弱的老龄畜；峻下逐水药用于多种水肿。

泻下药都能促进胃肠功能兴奋，孕畜慎用。

（一）攻下药

1. 大黄

性味及归经：苦、寒。入脾，胃，肝，心包，大肠。

功用：健胃，止泻，泻下，清热祛瘀。

主治与用量：肠胃秘结，实热燥结，损伤瘀血，水肿。马牛15～25克。

2. 朴硝

性味及归经：咸、苦、寒。入胃，大肠，三焦。

功用：泻热润燥，软坚。

主治与用量：泻热积滞，大便燥结。马牛30～150克。

3. 番泻叶

性味及归经：甘、苦、寒。入大肠。

功用：泻热通便。

主治与用量：食积腹胀，大便不通。牛30～100克。

4. 芦荟

性味及归经：苦、寒。入肝，心包，大肠，脾，胃。

功用：泻热通便。

主治与用量：消除湿热，攻逐粪结。马牛15～30克。

5. 巴豆霜

性味及归经：辛、苦。入大肠，胃。

功用：泻积寒，破积聚，化痰行水，杀虫。

主治与用量：小肠粪结，水肿，外用恶疮疥癞。马牛5～15克。

（二）润下药

1. 火麻仁

性味及归经：甘、平。入脾，胃，大肠。

功用：润燥滑肠，通便，滋养补虚。

主治与用量：肠燥便秘，血虚便秘。牛 200～300 克。

2. 郁李仁

性味及归经：苦、辛、平。入脾，大肠，小肠。

功用：润燥滑肠，破血利水。

主治与用量：四肢浮肿，大便气滞。马牛 30～100 克。

3. 麻油

性味及归经：甘、寒。入大肠。

功用：润肠去结，泻火。

主治与用量：大便秘结。马牛 200～400 克。

（三）峻下逐水药

1. 大戟

性味及归经：苦、寒。入十二经。

功用：利大小便，逐水消肿。

主治与用量：水肿，肠鸣腹痛，二便不通。马牛 15～25 克。

2. 甘遂

性味及归经：苦、寒。入十二经。

功用：逐水，通二便，消肿散结。

主治与用量：水肿胀满，胸肋积水，二便不通。马牛 15～25 克。

3. 芫花

性味及归经：辛、温。入肺，大肠，肾。

功用：逐水，除胸膈水，通利二便。

主治与用量：胸腹积水。马牛 15～25 克。

4. 续随子

性味及归经：辛、温。入肝、肾。

功用：行水破血，润肠攻积。

主治与用量：便秘，小便不利，水肿胀满，子宫淤血。马牛15～30 克。

四、消导药

凡能增强消化功能，助草料消化的药物，称为消导药。

本类药物多为甘平，适用于胃腹胀满，反胃吐草，食欲不振，大便失常等症。临床上根据不同病因和病情，常与理气，健脾，祛寒药配伍。

1. 山楂

性味及归经：酸、甘、温。入脾，胃，肝。

功用：健胃消食，活血化瘀。

主治与用量：消化不良，食积不消，胃肠发酵。马牛25～100 克。

2. 神曲

性味及归经：甘、辛、性温。入脾，胃。

功效：消食理气，健脾止泻。

主治与用量：食滞，腹胀，气逆。马牛40～80 克。

3. 麦芽

性味及归经：甘、咸、温。入脾，胃。

功用：消食，健胃，滋补。

主治与用量：不消不良，食欲不振。马牛25～100 克。

4. 莱菔子

性味及归经：甘、辛、平。入脾，胃。

功用：消滞，除痰，下气。

主治与用量：食滞，腹胀，咳嗽，气喘。马牛25～100 克。

5. 鸡内金

性味及归经：甘、平。入脾，胃。

功用：消滞，健脾，健胃。

主治与用量：食欲不振，食滞腹胀，泄泻。马牛 25～75 克。

五、渗湿利水药

凡能通过水道，驱除水湿为主功能的药物，称为渗湿利水药。本药物性味大多苦寒或咸，适于水湿停留体内，小便不利，湿疮，水肿等。

渗湿利水药，易伤阳耗津，所以阳虚津少的患畜慎用。

1. 猪苓

性味及归经：甘、淡、平。入肾，膀胱。

功用：渗湿利水，偏于胃的水流。

主治与用量：小便淋漓不畅，水肿胀满。马牛 25～65 克。

2. 泽泻

性味及归经：甘、咸、寒。入肾，膀胱。

功用：利水除湿，泄热偏于下焦。

主治与用量：水肿胀满，小便淋沥，膀胱停水，尿血。马牛 25～50 克。

3. 木通

性味及归经：苦、寒。入心，肺，小肠，膀胱。

功用：清心火，利小便，导湿滞。

主治与用量：口舌生疮，小便短赤，乳汁不通，水肿。马牛 30～65 克。

4. 车前子

性味及归经：甘、微寒。入肝肾，小肠。

功用：利膀胱水，清热祛痰，宜精明目。

主治与用量：小便淋沥，泄泻水肿，咳嗽痰多，目赤肿胀。

马牛 25～75 克。

5. 防己

性味及归经：苦、辛、寒。入膀胱。

功用：祛风止痛，利尿，偏去后肢水肿。

主治与用量：下焦湿热，小便不利，水肿，关节肌肉风湿。马牛 25～75 克。

6. 通草

性味及归经：甘、淡、微寒。入肺，胃。

功用：利水清热，通乳，写肺热。

主治与用量：乳汁不通，肺热，水肿，小便不利。马牛 15～35 克。

7. 滑石

性味及归经：甘、寒。入膀胱，胃。

功用：利水通淋，清解暑热。

主治与用量：水肿，二便有热，暑热烦渴。马牛 30～150 克。

8. 地肤子

性味及归经：甘、苦、寒。入膀胱。

功用：清湿热，利小便。

主治与用量：膀胱湿热，小便不通。马牛 25～75 克。

9. 瞿麦

性味及归经：苦、寒。入心，小肠。

功用：清热，利水，破血，通经，堕胎。

主治与用量：热淋，尿血，水肿，胎衣不下。马牛 30～75 克。

10. 灯心草

性味及归经：甘、淡、寒。入心，小肠。

功用：清热渗湿，利水通淋。

主治与用量：小便淋沥，水肿。马牛 25～80 克。

六、化痰止咳平喘药

凡能祛化痰涎，制止或减轻咳嗽，平定喘息的药物，也称化痰止咳平喘药。

根据药物的作用各异，结合喘息宜平，气道咳嗽宜降，燥咳宜润，热咳宜清，痰结宜化，寒痰宜温的治咳方法。

（一）止咳平喘药

1. 桑白皮

性味及归经：甘、寒。入肺。

功用：清泻肺热，止咳定喘，行水。

主治与用量：肺热咳嗽，小便不利，水肿，喘逆。马牛 25～100 克。

2. 枇杷叶

性味及归经：苦、平。入肺，胃。

功用：清肺化痰。和胃降气。

主治与用量：咳嗽气喘，胃热口渴，呕吐。马牛 20～30 克。

3. 马兜铃

性味及归经：苦、辛、寒。入肺，大肠。

功用：清肺降气，止咳平喘，化痰利水。

主治与用量：肺热咳嗽，痰中带血。马牛 25～50 克。

4. 冬花

性味及归经：辛、甘、温。入肺。

功用：祛痰止咳，润肺下气。

主治与用量：咳嗽气喘，鼻流脓血。马牛 25～100 克。

5. 紫苑

性味及归经：苦、甘、温。入肺。

功用：温肺止咳，化痰降气。

主治与用量：咳嗽气喘，鼻流脓血。马牛 25～100 克。

6. 苦杏仁

性味及归经：苦、温。入肺，大肠。

功用：祛痰定喘，润燥通便，解表，降肺气。

主治与用量：咳嗽，痰多，气喘，感冒，便秘。马牛 25～50 克。

（二）化痰降气药

1. 半夏

性味及归经：辛、温。入肺，胃。

功用：燥湿，止呕，祛痰，降气。

主治与用量：胃寒呕吐，脾湿有痰，胸膈胀满。马牛 25～50 克。

2. 白芥子

性味及归经：辛、温。入肺。

功用：力气化痰，散结止痛。

主治与用量：咳嗽痰多，脘腹冷痛。马牛 25～80 克。

3. 旋复花

性味及归经：咸、温。入肺，大肠。

功用：降气，祛痰，明目，行水。

主治与用量：咳嗽气喘，痰多，水肿，眼病。马牛 25～75 克。

4. 桔梗

性味及归经：苦、辛、温。入肺。

功用：提升肺气，祛寒排脓。

主治与用量：外感咳嗽，咽喉肿痛，肺痈。马牛 25～50 克。

（三）润肺化痰止咳药

1. 瓜蒌

性味及归经：甘、寒。入肺、胃、大肠。

功用：润肺止咳，清肺化痰。

主治与用量：肺热咳嗽，痰筹难处。马牛 20～50 克。

2. 贝母

性味及归经：苦、甘、微寒。入心、肺。

功用：消肿散结，祛痰止咳，润肺清热。

主治与用量：慢性支气管炎，肺虚久咳，干咳，热咳。马牛 15～50 克。

3. 天花粉

性味及归经：甘、酸、寒。入肺、胃、大肠。

功用：清热化痰，养阴生津。

主治与用量：肺热咳嗽，口渴喉干，大便秘结。马牛 20～50 克。

（四）清肺化痰药

1. 沙参

性味及归经：甘、苦、微寒。入肺。

功用：清肺养阴，化痰止咳。

主治与用量：虚热咳嗽，久咳燥咳。马牛 25～50 克。

2. 葶苈子

性味及归经：辛、苦、大寒。入肺、膀胱。

功用：泻肺行水，祛痰定喘。

主治与用量：肺水肿，胸腹积水，小便不利。马牛 20～50 克。

3. 竹茹

性味及归经：甘、微寒。入胃。

功用：清热止呕。祛痰开郁。

主治与用量：热症呕逆，痰热淤结。马牛 25～50 克。

七、理气药

凡能行气止痛，疏肝解郁，顺气宽胸的药，称为理气药。

理气药性味多为辛温，用以治疗胸腹胀满，疼痛，嗳气等气滞。但是容易伤阴，所以，阴虚体弱患畜慎用。

1. 陈皮

性味及归经：苦、辛、温。入脾、胃、肺。

功用：理气健脾，燥湿化痰，祛风。

主治与用量：风寒咳嗽，湿痰停滞，消化不良。马牛 25 ~ 50 克。

2. 香附

性味及归经：甘、辛、微苦。

功用：理气解郁，活血止痛。

主治与用量：肚腹胀满，食滞不消，胃胀腹痛。马牛 25 ~ 75 克。

3. 木香

性味及归经：辛、苦、温。入肺、肝、脾。

功用：行气止痛，健脾和胃，安胎。

主治与用量：胃寒不食，膀胱冷痛，胃积食，气逆胎动。马牛 15 ~ 30 克。

4. 青皮

性味及归经：辛、苦、温。入肝、胆。

功用：疏肝解郁，破气散结，消食化积。

主治与用量：胸腹胀痛，消化不良。马牛 25 ~ 50 克。

5. 枳实

性味及归经：苦、酸、微寒。入脾、胃。

功用：建伟理气，祛风导滞，收缩子宫。

主治与用量：消化不良，胃胀满，咳嗽水肿，子宫脱垂。马牛 25～75 克。

6. 砂仁

性味及归经：辛、温。入脾、胃、肾。

功用：温脾，健胃，祛风。

主治与用量：消化不良，肠胀满。牛 25～75 克。

7. 沉香

性味及归经：辛、苦、微寒。入脾、胃、肾。

功用：温胃纳气，壮阳益精。

主治与用量：气滞腹痛，肾虚腰冷，气逆喘息。马牛 10～25 克。

8. 乌药

性味及归经：辛、温。入脾、胃、肺、肾。

功用：顺气，散寒，止痛。

主治与用量：气滞腹痛，反胃吐草。马牛 25～80 克。

八、理血药

凡能治理血分疾病的药物，称为理血药。分为活血祛瘀药和止血药两种。活血药多用于瘀血，疼痛，创伤等症，止血药用于尿血，便血等症。

活血药多破淤剧烈，血虚病畜及孕畜慎用。止血药多有留淤之弊，所以出血症初起多与行淤药配伍。

（一）活血祛瘀药

1. 川芎

性味及归经：辛、温。活血行气，祛风止痛。

主治与用量：血瘀气滞，胸膈胀痛，风湿病。马牛 25～75 克。

2. 益母草

性味及归经：苦、辛、微寒。入心包。

功用：活血祛瘀，利水解毒。

主治与用量：胎衣不下，恶露不尽，消除水肿等。马牛 25 ~ 75 克。

3. 白酒

性味及归经：苦、甘、辛。大热入十二经。

功用：活血通经。

主治与用量：伤水冷痛，跌打损伤。马牛 100 ~ 250 克。

4. 米醋

性味及归经：酸、苦、温。入肝。

功用：散瘀消肿，下气，消胀，解毒。

主治与用量：腹胀便秘，产后瘀血，痈毒。马牛 50 ~ 100 克。

5. 郁金

性味及归经：甘、辛、苦、寒。入心、肺、肝。

功用：行气解郁，祛瘀止痛，凉血破血。

主治与用量：胸腹疼痛，二便带血，疮、癀、肿、毒。马牛 20 ~ 50 克。

6. 桃仁

性味及归经：苦、甘、平。入心、肝。

功用：活血祛瘀、润肠通便。

主治与用量：产后腹痛，膀胱蓄血，跌打损伤，血热便秘。牛 20 ~ 50 克。

7. 牛膝

性味及归经：苦、酸、性平。入肝，胃。

功用：生用破血通经，消肿止痛，熟用补肝肾。

主治与用量：关节风湿，跌打损伤，腰膝麻痹，尿血，四肢拘挛。马牛 25 ~ 75 克。

8. 王不留行

性味及归经：苦、平。入肝、胃。

功用：行血通经，下乳消肿。

主治与用量：乳汁不通，小便不利。牛 20～50 克。

9. 苏木

性味及归经：甘、咸、性平。入肝、脾、心。

功用：活血散瘀，消肿止痛。

主治与用量：跌打损伤，产后血瘀，痈肿。牛 25～50 克。

10. 乳香

性味及归经：苦、辛、温。入心、肝、脾。

功用：活血理气止痛，外用消肿止痛。

主治与用量：四肢拘挛，铁打损伤，痈疽疮肿，胸腹疼痛。马牛 25～75 克。

11. 川红花

性味及归经：辛、温。入心、肝。

功用：活血祛瘀，消肿止痛，通经。

主治与用量：瘀血结肿，铁打损伤，胎衣不下。马牛 15～50 克。

12. 没药

性味及归经：苦、平。入肝。

功用：活血散瘀，行气止痛，健胃，祛风。

主治与用量：瘀血结滞，铁打损伤，痈疽肿胀，风湿。马牛 25～50 克。

（二）止血药

1. 参三七

性味及归经：甘、微苦、温。入肝、胃。

功用：散瘀消肿，止血止痛。

主治与用量：外伤出血，跌打血瘀，产后出血，血痢，尿血。马牛 15～50 克。

2. 白及

性味及归经：苦、平。入肺。

功用：收敛止血，补肺生肌。

主治与用量：咯血，鼻出血，肠热，下血。马牛30~100克。

3. 地榆

性味及归经：苦、微寒。

功用：凉血止血，收敛止痛，清热祛湿。

主治与用量：二便下血，血热出血，外用烫伤。马牛20~50克。

4. 仙鹤草

性味及归经：苦、微温。入肺、脾胃、大肠。

功用：收敛，止血，补虚。

主治与用量：咯血，出血，劳伤，赤白痢。马牛25~100克。

九、温里药

凡能温中除寒邪的药物，称为温里药。

温里药大多辛温，所以能使寒滞宣散，阳气恢复，气机通畅，而且兼有行气止痛作用。适用于肠鸣泄泻，胸腹冷痛，口鼻冰凉，四肢厥冷，脉微等症。

温里药易伤阴，故热病及阴虚者慎用。

1. 附子

性味及归经：辛、甘、大热。入脾，胃。

功用：温脾散寒，温肾回阳，除湿止痛。

主治与用量：伤水冷痛，表虚大汗，冷肠泄泻，拘挛疼痛，水肿。马牛20~50克。

2. 肉桂

性味及归经：辛、甘、热。入脾、胃。

功用：温经散寒，暖脾胃，止痛。

主治与用量：脾胃虚寒，伤水冷痛，腰背痹痛。马牛20~50克。

3. 吴茱萸

性味及归经：辛、苦、温。入肝、脾、胃。

功用：温中燥湿，下气开郁，祛风散寒。

主治与用量：冷痛泄泻，伤水腹痛，脾胃虚寒。马牛 20～50 克。

4. 丁香

性味及归经：辛、温。入肺、胃、肾。

功用：温胃降逆。

主治与用量：冷气腹痛，胃寒吐涎，冷肠泄泻。马牛 15～50 克。

5. 干姜

性味及归经：辛、温。入肺、胃、肾、大肠。

功用：温中祛寒，回阳通脉。

主治与用量：伤水冷痛，风寒咳嗽。马牛 25～50 克。

6. 川椒

性味及归经：辛、温。入肺、胃、脾。

功用：温中散寒，止痛，杀虫，逐湿，扶阳，止呕，祛痰。

主治与用量：伤水冷痛，咳逆上气，消化不良，骨节疼痛。马牛 15～30 克。

十、祛风止痛药

凡有祛风胜湿，并有调节气血和止痛功能的药物，称为祛风止痛药。

祛风止痛药大多辛温，适用于风寒湿痹，肢体疼痛，筋脉拘挛等症。

祛风药物伤阴，凡是阴虚，血虚者慎用。

1. 羌活

性味及归经：辛、苦、温。入肝、肾、膀胱。

功用：发汗，发表，祛风，止痛。

主治与用量：肢体风湿痹痛，拘挛。马牛 25～75 克。

2. 独活

性味及归经：辛、温。入肝、肾。

功用：发汗，发表，祛风，止痛。

主治与用量：腰胯及四肢风湿病。马牛 25～75 克。

3. 秦艽

性味及归经：辛、苦、平。入胃、大肠、肝、胆。

功用：祛风湿，退热，润肠。

主治与用量：风湿痹痛，大便燥结，骨蒸湿热。马牛 25～75 克。

4. 木瓜

性味及归经：酸、温。入脾、胃、肝、肺。

功用：和胃，敛肺，平肝，舒筋活血。

主治与用量：四肢麻痹，腰胯疼痛，水肿，腹泻。马牛 20～50 克。

5. 苍术

性味及归经：辛、苦、温。入脾、肾。

功用：发汗利水，祛风止痛，健脾燥湿。

主治与用量：风寒湿，脾湿泄泻，关节疼痛，燥结。马牛 25～100 克。

6. 五加皮

性味及归经：辛、温。入肝、肾。

功用：祛风止痛，补肾，松筋骨。

主治与用量：风湿痹痛，腰痛，四肢无力。马牛 25～80 克。

7. 乌蛇

性味及归经：甘、平。入肝。

功用：祛风止痛，疗抽搐。

主治与用量：破伤风，颜面麻痹，治疗抽搐。马牛 15 ～
40 克。

十一、补养药

凡是补益机体气、血、阴、阳不足，治疗各种虚症药物，称
为补养药。分为补气药，补血药，养阴药，助阳药四类。

补气药适用于气虚症；补血药适用于血虚症；养阴药适用于
阴虚虚症；助阳药适用于阳虚症。四类药物常配伍使用。

（一）补气药

1. 党参

性味及归经：甘、苦、温。入脾、肺。

功用：补中益气，生津止渴，喝脾胃。

主治与用量：脾胃虚弱，肺虚咳嗽，体倦无力，气虚烦渴。
马牛 30 ～100 克。

2. 黄芪

性味及归经：甘、温。入肺、脾。

功用：补气固表，排脓止痛，敛汗利水。

主治与用量：表虚自汗，气虚失血，水肿，虚喘，痈疽，疮
毒。马牛 25 ～100 克。

3. 山药

性味及归经：甘、平。入脾，胃，肺，肾。

功用：补脾养胃，益肝肾，清虚热。

主治与用量：久泻，久痢，脾胃虚弱。马牛 25 ～100 克。

4. 蜂蜜

性味及归经：甘、性平。入心，肺，脾、胃、大肠。

功用：润肺利脾，滑肠解毒。

主治与用量：肺热烦咳，解乌头毒，便秘。马牛 200 ～

250 克。

5. 甘草

性味及归经：甘、平。入十二经。

功用：生用清热解毒，炙补中润肺，调和诸药。

主治与用量：炙甘草治疗脾虚泄泻，胃热口渴，肺虚咳嗽，生甘草治疗咽喉痛。马牛 20 ~ 100 克。

6. 大枣

性味及归经：甘、温。入脾，胃。

功用：滋补脾胃，益气生津。

主治与用量：脾虚泄泻。胃弱津亏，劳伤虚损。马牛 40 ~ 100 克。

7. 肉苁蓉

性味及归经：甘、酸、咸、温。入肾。

功用：润肠通便，补肾壮阳。

主治与用量：肾虚滑精，血虚便秘。马牛 25 ~ 100 克。

8. 白扁豆

性味及归经：甘、温。入脾、胃。

功用：解毒消暑，健脾化湿，止泻。

主治与用量：暑湿泻痢，口渴贪饮。马牛 25 ~ 100 克。

（二）补血药

1. 熟地

性味及归经：甘、微温。入心、肝、肾。

功用：补血生精，滋肾养阴。

主治与用量：血虚体弱，肝肾阴虚，腰胯疼痛等。马牛 25 ~ 100 克。

2. 当归

性味及归经：甘、辛、温。入心、肝、脾。

功用：补气养血，活血止痛，润肠通便。

主治与用量：血虚体弱，血瘀疼痛，跌打损伤，产后血瘀，痈肿疮疡，下痢腹痛。马牛 25～100 克。

3. 白芍

性味及归经：苦、酸、微寒。入肝、脾、肺。

功用：泻肝安神，养血敛阴。和血安胎，散瘀。

主治与用量：泻痢腹痛，小便不利，胎动不安。马牛 25～100 克。

4. 何首乌

性味及归经：苦、甘、涩、温。入肝、肾。

功用：润肠通便，补肝肾，益精血，壮筋骨。

主治与用量：肠燥便结，肾虚滑精，皮枯毛焦。马牛 25～100 克。

5. 枸杞

性味及归经：苦、平。入肝、肾。

功用：养血明目，补益肝肾。

主治与用量：肾虚腰痛，虚劳膝软，视物不清。马牛 20～100 克。

（三）养阴药

1. 天门冬

性味及归经：甘、苦、大寒。入肺、肾。

功用：滋阴润肺，清热降火，止咳化痰，利水。

主治与用量：阴虚内热，消渴燥咳。马牛 35～100 克。

2. 麦门冬

性味及归经：甘、微苦、微寒。入肺。

功用：清心润肺，养胃生津。化痰止咳。

主治与用量：肺虚咳嗽，肺壅热痰，热闭伤津，大便秘结。马牛 30～90 克。

3. 龟板

性味及归经：咸、平。入肝，心，肾。

功用：养阴补血。

主治与用量：阴虚潮热，腰膝软弱。马牛 30～90 克。

4. 鳖甲

性味及归经：咸、平。入肝、脾。

功用：滋阴，潜阴软坚，散结。

主治与功能：阴虚潮热，劳热症。马牛 30～90 克。

（四）助阳药

1. 补骨脂

性味及归经：辛、苦、大温。入脾、肾、心包。

功用：补肾壮阳。

主治与用量：腰胯寒疼，肾寒尿多。马牛 20～60 克。

2. 续断

性味及归经：苦、辛、温。入肝、肾。

功用：补肝肾，强筋骨，通血脉，安胎。

主治与用量：外伤骨伤，瘀血积滞，胎动不安，腰背疼痛，尿血。马牛 25～100 克。

3. 巴戟天

性味及归经：甘、辛、微温。入肾。

功用：暖腰肾，强筋骨，祛风湿。

主治与用量：阳痿滑精，腰胯疼痛，风湿痹痛，筋骨软弱。马牛 20～50 克。

4. 菟丝子

性味及归经：甘、辛、温。入肝、肾。

功用：补肝肾，助阳，益精明目。

主治与用量：体虚阳痿，腰膝冷痛，大小便有血，小便淋沥。马牛 20～50 克。

5. 核桃

性味及归经：甘、温。入肺、肾。

功用：补肾定喘，润下。

主治与用量：肾虚，腰痛，气虚咳嗽。马牛 50～100 克。

6. 淫羊藿

性味及归经：辛、温。入肝、肾。

功用：补肾壮阳，祛风湿。

主治与用量：寒湿痹痛，阳痿风湿。马牛 20～50 克。

7. 阳起石

性味及归经：咸、微温。入肾。

功用：壮阳宜精。

主治与用量：公牛性欲差，母牛不孕。马牛 50～100 克。

8. 益智仁

性味及归经：辛、温。入脾、心、肾。

功用：补肾固精，温脾止泻。

主治与用量：脾虚泄泻，胃冷吐沫，肾虚多尿。马牛 40～50 克。

9. 韭菜子

性味及归经：甘、辛、温。入肝、肝。

功用：益肾助阳，固精。

主治与用量：公牛性欲差，小便频数，腰膝衰弱。马牛 25～75 克。

十二、安神镇惊药

凡能安神，镇惊，祛风的药物，称为安神镇惊药。

安神药多用于惊悸，虚烦等症，镇惊祛风药多用于惊厥，抽搐，中风等症。

（一）安神药

1. 酸枣仁

性味及归经：酸、甘、平。

功用：宁心安神，养肝敛汗。

主治与用量：马牛 25～100 克。

2. 远志

性味及归经：苦、温。

功用：祛痰，通窍，安神。

主治与用量：咳嗽痰多，心血不足，惊悸。马牛 20～75 克。

3. 柏子仁

性味及归经：甘、平。入心、脾。

功用：养心安神，润燥通便。

主治与用量：马牛 25～100 克。

4. 茯神

性味及归经：甘、淡、平。入心、肾、脾、胃、肺。

功用：宁心安神，镇静止痛。

主治与用量：心虚惊悸，小便不利，水肿。马牛 30～70 克。

（二）镇惊息风药

1. 钩藤

性味及归经：甘、微苦。入肝、心包。

功用：息风清热，平肝镇惊。

主治与用量：头风眼吊，发热不宁，破伤风。马牛 25～100 克。

2. 天麻

性味及归经：辛、温。入肝。

功用：祛风解表，镇惊壮筋。

主治与用量：四肢痉挛，风寒湿脾，中风惊厥，破伤风。马牛 25～50 克。

3. 蜈蚣

性味及归经：甘、辛、温。入肝。

功用：祛风定惊，解毒消肿。

主治与用量：抽搐，破伤风，疮毒，瘀血积聚。马牛 5 ~
20 克。

4. 全蝎

性味及归经：甘、辛、平。入肝。

功用：祛风逐邪，镇惊。

主治与用量：破伤风，痉挛，抽搐，口眼歪斜。马牛 20 ~
50 克。

十三、收敛药

凡能固脱收敛的药物，称为收敛药。

此类药物的药性多酸涩，有敛汗止泻，固精，缩小便，止咳
等作用。用于治疗自汗，泻痢，脱肛，滑精，尿多或失禁等症。

1. 麻黄根

性味及归经：甘、平。入心，肺。

功用：止汗。

主治与用量：自汗，盗汗。马牛 25 ~ 75 克。

2. 牡蛎

性味及归经：咸、微寒。入肝，肾，胆。

功用：滋阴，软坚化痰，止汗。

主治与用量：多汗，咳嗽，滑精。马牛 30 ~ 60 克。

3. 五倍子

性味及归经：酸、平。入肺，肾，大肠。

功用：涩肠，止血，敛汗。

主治与用量：久泻脱肛，便血，自汗。马牛 15 ~ 50 克。

4. 石榴皮

性味及归经：酸、温。入肺，肾，大肠。

功用：收敛、止泻、止血。

主治与用量：腹泻，便血，脱肛。马牛 30～75 克。

5. 乌梅

性味及归经：酸、温。入肝，脾，肺。

功用：收敛，止泻，生津，除烦，杀虫。

主治与用量：腹泻，便血，虚劳，烦渴。马牛 25～50 克。

十四、驱虫药

凡能驱除或杀灭体内寄生虫的药物，均称为驱虫药。驱虫药有毒性，必须根据体质的强弱和病情的缓急，恰当选药用药。

1. 使君子

性味及归经：甘、温。入脾、胃。

功用：杀虫、消积。

主治与用量：蛔虫病，蛲虫病，疥癣。牛 30～100 克。

2. 鹤虱

性味及归经：苦、辛、平、有小毒。入大肠、肝。

功用：杀虫。

主治与用量：胃肠道多种寄生虫病，疥癣。牛 25～50 克。

3. 贯仲

性味及归经：苦、寒、有小毒。入肝、胃。

功用：杀虫、清热解毒，散瘀止血。

主治与用量：绦虫，蛲虫，蛔虫病，疥癣。牛 30～60 克。

4. 南瓜子

性味及归经：甘、温。入脾、胃。

功用：驱虫。

主治与用量：驱绦虫。马牛 200～500 克。

5. 槟榔

性味及归经：苦、辛、温。入胃、大肠。

功用：杀虫、消积，行气消水。

主治与用量：食积，虫积，水肿，痢疾。马牛 25～100 克。

十五、外用药

1. 硼砂

性味：甘、咸、凉。

功用：消毒防腐，清热祛痰。

主治与用量：咽喉肿痛，口舌生疮，目赤肿痛，痰热咳喘。牛 10～25 克。

2. 雄黄

性味：辛、温、有毒。

功用：解毒杀虫。

主治与用量：虫积腹痛，疥癣瘙痒，毒蛇咬伤，痈肿疮毒。牛 5～15 克。

3. 冰片

性味与功能：辛、苦、微寒。

功用：通窍醒脑、清热散火，消肿止痛。

主治与用量：神昏惊厥，咽喉肿痛，心热舌疮，目赤翳障，疮疡肿毒。牛 3～6 克。

第六章　针灸术

一、针灸法

针灸是中兽医的重要组成部分，它是针法和灸法的合称。针和灸是方法不同，作用近似的两种方法。针法是用针具刺激牛的特定穴位；灸法是利用温热和干热，直接或间接作用于牛体特定穴位或患部。二者都是通过经络的作用，以调整阴阳，宣通气血，达到扶正祛邪，恢复健康的目的。因为针和灸同属于外治方法，所以统称为针灸疗法。

（一）针灸疗法的特点

针灸疗法是一项独特的医疗技术，它是我国兽医学的宝贵遗产，实践证明，针灸疗法在牛疾病防治中具有重要意义。其主要优点是：

1. 应用范围广，不受地域，畜类、畜种的限制，皆可以采用针灸疗法。

2. 见效快、疗效好。如风湿、闪伤、跛行，采用针灸疗法，可以收到较好的疗效。

3. 设备简单，便于掌握，携带方便，经济适用，利于推广。

（二）针灸治病原理

1. 针灸能加强防御功能

针灸能促使畜体增强防御功能。针灸不能直接杀死病原体，根据实践证明，针灸能治疗一些传染病和炎症，这是因为针灸能促进网状内皮系统的功能活动，从而促使血液中的白细胞总量增高，并能增强其吞噬能力，增加抗体，既增强牛体的防御功能，或达到扶正祛邪的效果。

2. 针灸有调整作用

多年的实践证明，针灸不但能治疗便秘、腹泻，还能治疗热症、寒症等。这是通过对牛体的调整作用来实现的。

3. 针灸有镇痛作用

大量的临床实践证明，针灸有良好的镇痛作用，如挫伤、闪伤、冷痛、风湿痛等，镇痛非常确实。针刺麻醉就是在针灸镇痛的基础上发展起来的。

总之，针灸能增强防御功能，调整偏盛、偏衰且具有良好的镇痛作用等。

（三）针灸疗法的一般常识

1. 针具种类及其用法

圆利针：针尖圆锐，针体圆滑，有粗细长短之分。按其针身的长度，可分为1寸、1.2寸、1.5寸、2寸几种。按其粗细可分为大圆利针和小圆利针两种。大圆利针，常用于大牛，小圆利针常用于小牛，一般作白针使用。

三棱针：针尖呈三棱形，有大小两种之分。多用于血针穴位，因针尖较细，容易折断，所以靠近骨骼之处不宜使用。

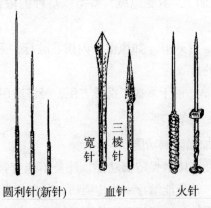

圆利针(新针)　　血针　　火针

图6-1　几种针灸常见用针

宽针：宽针针头状如矛尖，针刃锋利，有大、中、小之分。大宽针长 2.5 寸，针头宽约 3 分；中宽针长 2.5 寸，针头宽约 2.5 分；小宽针长约 3.5 寸，针头宽约 1 分 5 厘。宽针多用于血针穴位，有时也用于巧治和白针穴位，使用宽针针刺静脉、胸堂、肾堂、蹄头等穴位时，可把宽针固定在针槌上，这样既能固定针刺深度，又有利于人身安全。

针槌为硬木制成。长针槌 1.2 尺，槌头正中有一条锯缝装针孔，在槌身部有皮革制或藤制的活动圈，起固定针体的作用。

穿黄针：穿黄针状如宽针，只是针的尾部有一个小孔。穿黄针也可以代替大宽针使用，其主要用途是作穿黄用。穿黄是将若干根马尾或鬃丝合成的细绳随针穿过患部，起到引流作用，促进黄肿消散。

夹气针（竹针）：多用竹片制成。长约 1.5 尺，宽约 2 分，针尖钝圆，针体光滑柔软。其优点是以不易折断，不易损伤血管和神经组织为好。夹气针专供"夹气穴"用。在使用前，应对针体详细检查，如有破损，则不能使用，以防发生事故。使用前必须煮沸消毒。为了便于进针，需先用宽针刺破皮肤，并在针体涂以油类软膏或凡士林之类。

放水针：形状如毛笔帽状，在针体前端和管壁有多个小圆孔，专供放宿水用，又名放水管。

火针：针身圆滑，针尖呈锐圆形。常用的有两种。一种是有柄钢针，针柄为塑料柄；一种是无柄钢针，在针的中间有固定深度的铜圈。按其针体长度可分为 8 分、1 寸、1.5 寸、2 寸几种。临床上多用于治疗风湿症，也可用于外科排脓。在扎火针之前，应进行烧针。常用烧针有以下两种方法：一是油火烧针法。将火针擦拭干净，用棉花将针的针尖及部分针身缠裹，厚薄均匀，松紧适度，用植物油浸透点燃，待火焰开始转弱时，即用镊子夹去棉灰，趁热刺入穴位。二是酒精灯烧针法。

利用酒精灯火焰直接把针尖烧红，趁热刺入穴位，也有的称此种方法为温针疗法。

2. 针刺角度及深度

（1）针刺角度

针刺角度是指针刺穴位时，针身与穴位皮肤表面所形成的角度。一般分为直刺、斜刺、平刺。

直刺：即针身与穴位皮肤呈 90°角垂直刺入。多用于肌肉较厚部位。

斜刺：即针身与穴位皮肤呈 45°角斜向刺入。多用于胸壁和皮肤较薄的部位。

平刺：即针身与穴位皮肤呈 15°角刺入。一般穴位、皮下接近骨骼或肌肉较薄处多用平刺。

（2）针刺深度

可按每个穴位规定深度进针。临床使用时，还需根据病牛体格、年龄、体质及病情等不同，灵活掌握。一般肌肉薄的穴位可浅刺；肌肉厚的穴位可深刺。

3. 针刺手法

针法就是当家畜发生疾病时，根据需要，选用合理的针具，针刺体表的一定穴位，施加一定手法，利用针的刺激作用，从而达到调整阴阳、宣导气血、疏通经络、祛除病邪、恢复健康的一种治病方法。

（1）持针法

手握针式持针法：一手拇指和食指捏住针头，可根据刺入深度，留出针刃，用中指和无名指将针柄固定在掌心。此种方法多用于宽针、三棱针和大圆利针。

执笔式持针法：和执毛笔一样夹住针柄，此种方法多用于大圆利针。

代替针錎持针法：将宽针握于食指，中指，无名指之内，拇指抵在针柄末端，小指背侧托住针头，并控制针尖留出长度，利于臂部的摆动，进行速刺。此种方法用于扎胸堂等穴位。

小圆利针持针法：用一手拇指、食指夹持针柄以便用力，再以中指和无名指辅助针身，以便进针和掌握入针深度。此法，在三棱针点刺时，也可应用。

（2）按穴法

在刺针时，以一手拇指压切穴位处皮肤，以便使针能准确地刺中穴位。

指切按穴法：在针刺时，以一手拇指压切穴位附近的皮肤，另一手持针，沿按穴拇指指甲前缘刺入穴位。

挟持按穴法：用一手拇指、食指将穴位皮肤捏起，另一手持针刺入两指之间的穴位，此法多用于皮肤肌肉较薄处。

指张按穴法：用一手拇指、食指将穴位处皮肤向两侧撑开，绷紧，以便进针。此法多用于皮肤松弛之部位。

（3）进针法

常用的有速刺进针法和缓刺进针法两种。

速刺进针法：一手按穴位，另一手持针，将针尖对准穴位中心，然后用轻巧敏捷的手法一次急速刺入穴位。此法多用于火针和血针的进针。

缓刺进针法：一手按穴位，另一手持针，将针尖点在穴位中心，然后用轻捻小旋转的手法，缓缓刺入穴位。此法多用于白针。

（4）进针后手法

进针以后的手法很多，作者多年来的实践得知，临床上常用的有以下几种。

提插："提"就是将刺入的针向上提起一些；"插"就是将针向内再刺一些。提和插是一个连续的动作，也就是将针刺入穴位后，再一上一下的连续不断变动针刺手法，即称为提插。

捻拨："捻"就是进针以后，用手捻转针柄，使针体不断左右旋转的手法；"拨"就是指握针柄，使进针后的针头向不同方向微微拨动的手法。

徐疾："徐"是慢，"疾"是快，无论是提插或捻拨都可以快，也可以慢。因此它是各种手法中一种配合动作。

轻重：也是配合其他手法的一种动作。"轻"是在提插捻拨时用力要轻；"重"是在提插捻拨时比较用力，做好轻重的动作。此外还有摇针，弹针和留针。摇针就是把针摇动；弹针就是用手指在柄上弹动；留针就是进针后在穴位中停留一定时间。

（5）退针法

又叫起针，临床上有两种方法。

捻转退针法：即起针时，一手按定针旁皮肤，另一手持针柄，左右捻转，慢慢将针退出穴外。

抽拔退针法：即起针时将针轻捻后，一手按定针旁皮肤，另一手把住针柄，将针迅速退出穴外，这种方法也称急起针。

起针时，如有滞针现象，则应在穴位附近另行针刺，以缓解穴位肌肉紧张，然后再起针，也可以先用手指刮拨针柄，然后起针。

4. 注意事项

（1）患病牛过饥过饱，饮水，大出血，大出汗，劳役及配种后，不宜立即施针。妊娠后期母牛的腹部、腰臀部及其他刺激强烈穴位不易针刺，特别是火针，更应该慎用。

（2）根据病情做好针治疗方案，通常7天为一个疗程。施针前要认真检查针具是否完好，并应彻底消毒。必须保定好患牛，注意人畜安全。

（3）用宽针放血时，要做到针刃与血管平行，以免切断血管，同时要把废血收集起来，妥善处理，防止污染环境。

（4）扎火针退针前，一定要捻转针柄，以防针体黏连肌肉，造成针裹肉丝或针孔出血。退针后，还需要用消炎药膏封闭针孔，以防感染。

（5）对高热、剧烈疼痛及疑难症，采用针刺无效时，不易再进行针刺，可改用其他方法治疗。

（6）施针后应告诉畜主注意护理，如果需要复针，约好时间，按期针疗，保牛痊愈。

二、灸烙法

（一）灸法

灸法就是利用温热物质直接或间接的在家牛体表穴位或患部点燃或加温，通过温热的刺激，疏通经络，祛风散寒，多用于治疗各种湿痹。灸的种类很多，经常用的有直接灸法和间接灸法。

1. 直接灸法

艾炷灸：艾炷就是用艾绒制成的，形如圆锥体，上尖下圆。使用时，将它放在牛皮肤的一定穴位上，点燃艾炷尖端，烧到底部时，再换一个艾炷，每烧到一个艾炷，为一炷。

艾卷灸：就是将艾绒卷长约5寸，粗约6分的艾卷，使用时将艾卷的一端点燃直接施灸。有以下四种方法。

（1）温和灸：用艾卷连续给病牛一种温和的刺激。在灸的过程中，稍离开牛体皮肤（大约0.5寸），要使病牛感到温热而不灼痛，施灸时间2~3分钟至十几分钟，甚至达到30分钟。

（2）雀啄灸：将艾卷点燃的一端接触皮肤后，立即离开，再接触一下，再离开，如此重复进行，如同麻雀啄食一样。所以称为雀啄灸。

（3）刮痧灸（瘀血灸）：用瓷碗或铁皮制成的"刮痧器"，顺毛刮擦皮肤表面，在皮肤上造成良性刺激致瘀血或出血，通过调整神经功能，促进消炎、镇痛、散热、解瘀，以取得治疗效果。

（4）拔火罐：按火罐口大小，先在皮肤上刮毛并涂上一层油（比如涂上一圈凡士林），点燃罐内的纸，等到火熄灭时，覆盖在涂油的部位即可。用于治疗牛风痹痛、喘症以及外科肿胀溃疡等病。由于"火罐"和皮肤之间造成真空，被吸入罐口的组织，高度充血，致使血管扩张，血流迅速，新陈代谢旺盛，使局部脏器功能和组织营养充足，同时由于淋巴的循环迅速，白细胞的吞噬作用活跃，增强了全身的抗病力，以减轻病势而痊愈。

2. 间接灸法

即热源与皮肤之间，隔有一种缓冲物，使皮肤不至于灼伤，并可加强疗效。

（1）"隔姜灸"与"隔蒜灸"：是用切一分左右厚的鲜姜片或独头蒜片，用针刺成许多针孔，放置于灸的部位，再将艾炷放在姜片或蒜片上燃烧，待燃烧尽后，另换一炷，如果姜片或蒜片干枯，可换上新的再灸。多用于治疗牛寒湿、疼痛等症。

（2）"醋酒灸"：俗称火烧战船，施灸时，先把患牛站立保定于柱栏内。用温醋润湿患部及周围被毛，再盖上醋浸泡的布片，然后往上撒酒并点燃起火，助手用醋控制火焰的范围和火势的强弱，火势扩大时用醋将蔓延的火焰熄灭。火旺醋少温度过高时用醋向火旺处喷洒，酒少醋多火焰太弱，则适当撒一些酒，如此操作致汗出为度。灸后用麻袋或棉被子盖在病牛身上，饲养在暖舍家畜短期内不要除掉所覆盖之物，以免再受风寒或发生感冒。本法适用于治疗牛腰背部风湿症和破伤风等。老弱患畜慎用，妊娠孕畜禁用。

（3）"醋麸灸"：此法相对来说比"醋酒灸"温和。可用于牛各种风寒湿痹的治疗。用麦麸子或醋糟或酒糟10千克左右，加醋混拌至手握指缝不滴醋为宜，放在锅里炒或蒸至烫手时，分装在两条麻袋中，趁热交替复灸患部，每天温烫2~4小时，连灸 2～3 天，灸后将患牛拴于暖舍中，并用麻袋或被子覆盖在患部，以防风寒。

3. 注意事项

病牛在过饥，过饱，饮水，大出血，大出汗及交配后不宜立即施灸；母牛在妊娠期间不宜施灸；发热病牛不宜施灸。施灸后，禁忌风寒湿等外界不良因素侵袭。

（二）烧烙术

烧烙术又名火烙疗法。使用各种不同形状的烙具，在牛体表的一定部位进行烧烙，通过温热刺激，以利通经活络，宣导气血，祛风散寒，从而达到消肿散瘀，活血止痛，恢复关节功能，减轻病症，起到治疗或控制病情发展的一种疗法。常用于治疗筋骨肿硬，关节变形等慢性病。常用的烧烙法有干热烙法和湿热烙法。

1. 干热烙法

就是用烧好的刀形烙铁在患牛一定病位上直接进行烧烙的方法。术前患牛先绝食半天。施术时采用侧卧或站立保定，术者手执已经烧好的烙具，先在砖上磨光烙刃，然后用烙具按照设计的图样在患部勾画出烙样。助手将烙焦的毛屑扫掉，烙的力量要均匀，烙刃要放平，由轻到重，边烙边喷醋，每烙 3～4 次喷醋一次。将皮肤烙成黄褐色为度。

2. 干热烙法施术注意事项

（1）烙铁的热度：以烧到杏黄色为宜，火力过大烙铁呈黄白色，则容易烧焦皮肤；火力过小烙铁呈黑红色，则达不到烧烙的目的。

（2）避开部位：烧烙时要避开重要器官，也不要损伤较大的神经和血管，关节屈侧，皮肤薄的部位，外伤，软肿处，蹄冠蹄球部，均不宜烧烙。

（3）烧烙后管理：烧烙后应擦拭患牛身上的汗液，以防感冒。同时不可以暴饮冷水，要牵出去溜一小时或先喂一些干草，再进行饮水。

（4）特别注意事项：烙后不能站立休息，必须运动或轻度使役。以防因为站立不运动，引起气血运行不周，局部肿胀不消，形成永久性跛行。

（5）烧烙后要保护好蹄痂，防止因燥痒摩擦嘴啃，应拴系短缰绳。可在烙后每隔一天在烙部涂一些消炎软膏，以滋润皮肤，防止感染，促使患部痊愈。

3．湿热烙法

就是将烧好的方形烙铁隔着浸醋的棉纱垫或旧麻袋片，在病牛一定的病位间接进行烧烙的方法。应按施术部位，决定施术方法。

（1）头面部：首先将棉纱垫以醋浸湿，敷于一定穴位上。比如，大风门、开关、锁口等穴位。一手固定棉纱垫，另一手持烧热的烙铁，反复在棉纱垫上烙烫并不断加醋，每次烙烫 10 分钟左右，每天或隔日一次，3~5 次为一个疗程。

（2）四肢关节：可先将衬垫固定在患部，然后用温醋浸湿后，按上述方法烙烫。

（3）背腰部：首先用醋将患牛背腰部位浸湿，再将浸醋的麻袋片敷于患牛的背腰部，然后用烧好的烙铁在其上面烙烫，烙至耳朵后出微汗为度。此法适用于治疗牛破伤风，腰风湿等疾病。

4．注意事项

烧烙时，烙铁温度不要烧的过高，以黑褐色为宜，烙烫时要不断离开患部，不可长时间强压患部不动，以免发生烫伤。

三、针灸治牛病

(一) 头颈部穴位治牛病方法

1. 天门

穴位：两角根连线正中后方约 1 寸的凹陷中一穴。

针法：中宽针向前下方斜刺 3~5 分或白（火）针。

主治：眩晕，心悸亢进，癫痫，脑充血，小肠疾患。

2. 耳尖（血印）

穴位：耳背面离耳尖 1 寸处的血管上，每耳并排三穴。

针法：三棱针斜刺出血。

主治：中暑，感冒，风湿，肚痛，一般热性病。如热射病。

3. 太阳

穴位：外眼角后方约 1 寸处的血管上，左右各一穴。

针法：中宽针斜刺 1~3 分，出血。

主治：感冒，结膜炎，癫痫，热射病。

4. 眉神

穴位：上眼眶稍上方，左右各一穴。

针法：中宽针向后下方刺入 2~3 分。

主治：过劳，热症，带有神经症状的疾病。

5. 晴灵（晴明）

穴位：内眼角下眶上，左右各一穴。

针法：小宽针向后下方斜刺 2~3 分，出血。

主治：眼炎，感冒，肝胆疾病。

6. 山根（人中）

穴位：鼻梁正中，有毛与无毛相交处一穴，左右鼻孔背角处各一穴。共三穴。

针法：小宽针向后下方刺入 2~3 分，出血。

主治：脑充血，风湿症，咳嗽，痉挛，肚痛。

7. 三关（内户）

穴位：上唇背侧约 1 寸处正中一穴。

针法：中宽针直刺 2～3 分，出血。

主治：热性病，黄疸，衄血。

8. 命牙（承浆）

穴位：下唇正中，有毛与无毛相交处一穴。

针法：中宽针向后上方斜刺入 2～3 分，出血。

主治：口炎，喉头炎，胃肠炎。

9. 知甘

穴位：舌底腹面正中及两旁血管上，共三穴，常用两侧穴。

针法：将舌头拉出翻转，以中宽针直刺入 1.5 分，出血。

主治：消化不良，木舌症，中暑，咽喉炎。

10. 牙关

穴位：最后一对臼齿稍后上方，左右各一穴。

针法：中宽针直刺入 3～5 分。肿胀时可刺入 1 寸。

主治：咽喉炎，胃炎，口裂，牙关紧闭。

11. 耳根

穴位：耳根后方窝中，左右各一穴。

针法：中宽针向前方刺入 2～3 分，也可行火针。

主治：感冒，风湿，过劳。

12. 顺气

穴位：口内上颚嚼眼，二穴。

针法：用细柳条或金属线，长约 1 尺，通至鼻孔内。

主治：瘤胃鼓气，感冒鼻塞，眼起灰皮。

13. 锁喉

穴位：下颌骨后，喉头下，左右各一穴（即气管正中下方的第一、二气管轮处）。

针法：中宽针或火针，刺入 5 ~ 8 分，斜向气管与食道间进针。

主治：咽喉炎，咽喉麻痹，喉头周围肿胀。

14. 大脉

穴位：颈静脉上 1/3 与中 1/3 的交界处，左右各一穴。

针法：大宽针沿血管刺入 3 分。

主治：感冒、咳嗽。

15. 三江

穴位：眼下约 1.5 寸处血管上，左右侧各一穴。

针法：小宽针由下向上沿着血管刺入 3 分，出血。

主治：肚痛，眼肿。

16. 过梁（月堂）

穴位：鼻梁两旁，鼻孔上约 1.5 寸处，左右各一穴。

针法：中宽针水平刺入 3 ~ 5 分。

主治：感冒，咳嗽。

17. 抱腮

穴位：牙关穴下前方 2 寸处，左右侧各一穴。

针法：中宽针或火针水平刺入 3 ~ 5 分。

主治：抱腮肿。

18. 风门

穴位：耳根穴下约 2 寸，左右侧各一穴。

针法：火针向内下方刺入 8 ~ 10 分。

主治：耳直项强，风湿症。

（二）躯干部穴位治牛病方法

1. 丹田

穴位：第一、第二脊梁骨间凹陷中一穴（沿肩甲前缘，按至正中线的凹陷中取之）。

针法：中宽针或火针，垂直刺入 5 分。

主治：疲劳过度，全身性神经功能疾病，中暑。

2．三台

穴位：第四、第五脊梁骨间凹陷中（即鬐甲最高处一穴）。

针法：中宽针或火针，垂直刺入 8～10 分。

主治：捻挫，脱膊，脱胛。前肢运动障碍，肩甲神经麻痹，前肢肌肉风湿。

3．胸堂

穴位：胸骨两旁腋窝前方血管上，左右各一穴。

针法：中宽针向后刺入 2～3 分，出血。

主治：中暑，鼓胀，热性疾病。

4．穿黄（吊黄）

穴位：胸骨前缘正中的皮肤褶上一穴（肉垂前缘正中处）。

针法：以穿黄针左右刺穿皮肤，装砒引毒，造成人工化脓（巧治）。

主治：脏腑的内黄症。

5．苏气

穴位：第八、第九脊梁骨间的凹陷中一穴（即三台穴后四节），又倒数第四至第六肋间，在髋结节和髋关节两水平线之间中央水平线上，左右各三穴，共七穴。

针法：中宽针或火针，直向下刺入 5～8 分。

主治：急性支气管炎，肺充血，咳嗽。

6．安福

穴位：苏气穴后二节，即第十、第十一脊梁骨间凹陷中一穴。

针法：中宽针或火针，向下刺入 5～10 分。

主治：急性肺炎，前胃弛缓，风湿症，血瘀气滞。

7．肾门

穴位：腰部背侧正中线上，第十五、第十六脊梁骨间凹陷中一穴。

　　针法：中宽针或火针，直刺入 5 ~ 10 分。

　　主治：腰间神经疾病，膀胱炎，下痢，肠炎。

　　8. 安肾

　　穴位：第十六、第十七脊梁骨间的凹陷钟一穴（肾门穴后第一凹陷中）。

　　针法：中宽针或火针，直刺入 5 ~ 10 分。

　　主治：关节风湿，腰部神经麻痹，消化不良，反刍减少。

　　9. 腰带（腰峰）

　　穴位：百会穴前三节，旁开约 3 寸，左右各一穴（从最后肋骨向后按取，在第三、第四腰椎横突顶端处）。

　　针法：中宽针或火针，直刺入 2 ~ 3 寸。

　　主治：肾炎。

　　10. 百会

　　穴位：最后腰椎棘突与荐骨间的凹陷中一穴。

　　针法：火针或中宽针，直刺入 1 ~ 2.5 寸。

　　主治：风湿症，全身性神经功能疾患，泌尿生殖器病。

　　11. 归尾

　　穴位：百会穴旁开约 2.5 寸处，左右各一穴。

　　针法：火针或中宽针，向内下方刺入 5 分。

　　主治：腰风湿，后肢风湿。

　　12. 六脉

　　穴位：倒数第一、二、三肋间，在髋结节水平线上，每侧各三穴。

　　针法：中宽针向内下方斜刺入 5 分。

　　主治：脾、胃病。

　　13. 脾俞（连贴）

　　穴位：右侧倒数第三肋间，距脊椎骨约 3 寸处一穴。

针法：火针或中宽针，顺着肋骨前缘刺入 1.2～2 寸。

主治：瘤胃鼓气，前胃弛缓，消化不良。

14. 肺俞

穴位：右侧髋关节的水平线与倒数第五至第八的任一肋骨的交点上。

针法：火针或中宽针，顺着肋骨的前缘刺入 2～2.5 寸。

主治：肺充血，肺气肿，咳嗽，气喘。

15. 食胀

穴位：倒数第二、第三肋骨间，距脊梁骨约 6 寸处，左侧一穴。

针法：大宽针向内下方刺入 4 寸。

主治：瘤胃积食。

16. 归腹

穴位：倒数第七肋间与抢风穴水平线相交处，左侧一穴。

针法：中宽针水平刺入 5 分。

主治：肝胆病，血皮病。

17. 带脉

穴位：肘后约 3 寸处血管上，左右侧各一穴。

针法：中宽针沿血管刺入 3 分，出血。

主治：感冒，肠炎。

18. 滴明

穴位：肚脐前约 5 寸处两侧，距正中约 4 寸凹窝处的血管上，左右侧各一穴。

针法：中宽针沿血管刺入 3～5 分，出血。

主治：尿闭，胀气，脾胀。

19. 肚角

穴位：最后肋骨的后缘，距离脊梁约 2.5～3 寸处，左侧一穴。

针法：大宽针向内下方刺入 2 寸。

主治：水草胀肚。

20．天平

穴位：第十三、第十四脊梁骨间的凹陷中，一穴（安肾穴前三节）

针法：中宽针或火针垂直刺入 5 ~ 10 分。

主治：尿闭，阴茎不伸，肠炎，慢草。

21．雁翅（云头）

穴位：肩甲软骨前角凹陷中，左右各一穴。

针法：中宽针或火针向内后方刺入 1 寸。

主治：失腕，失膊。

22．滋元（爬壁）

穴位：肩胛软骨后角凹陷中，左右侧各一穴。

针法：中宽针或火针向内前方刺入 1 寸。

主治：闪伤，失膊。

23．海门

穴位：肚脐两侧，距离脐约 1 寸，左右各一穴。

针法：中宽针垂直刺入 2 ~ 3 分。刺时拉起皮肤。

主治：尿闭，腹水。

24．阳明

穴位：奶头根部外侧，左右各二穴。

针法：小宽针向内上方刺入 2 ~ 3 分。

主治：乳头肿胀，乳腺炎，尿闭。

25．通窍

穴位：肩胛软骨后，倒数四、五、六、七、八肋骨间，距脊梁骨 3 寸，左右各四穴。

针法：中宽针向内下方斜刺 5 ~ 10 分。

主治：风湿，劳役过度。

26. 夹气

穴位：腋窝正中部的凹陷中，左右各一穴。

针法：竹制针向后上方直刺入 3～5 寸（气针）。

主治：气痛，肩胛神经麻痹。

27. 开风

穴位：尾根穴前一节正中一穴。

针法：小宽针刺入 2～3 分，进针时稍向前斜。

主治：感冒。胃肠疾病，泌尿生殖器病，后肢运动神经障碍，风湿症，中暑。

28. 尾根

穴位：以手摇尾时，所动的骨节前凹陷中一穴。

针法：中宽针或火针，向前下方斜刺入 2～3 分。

主治：便秘，肺与大肠经热，热性病，黄疸。

29. 尾节

穴位：尾根穴后凹陷中一穴。

针法：小宽针向前下方斜刺入 2～3 分。

主治：胃肠疾病，尿闭。

30. 尾干

穴位：尾根穴后二节凹陷中一穴。

针法：中宽针向前下方斜刺入 2～3 分。

主治：泌尿生殖器病。

31. 散珠

穴位：距离尾尖 1.5 寸处一穴。

针法：小宽针斜刺入 2～3 分。

主治：鼻镜干燥等热性病，泌尿生殖器病。

32. 尾尖（垂珠）

穴位：在尾的最末端上一穴。

针法：小宽针或三棱针，对尾尖端垂直刺入 2～3 分，出血。

主治：胃肠疾病，感冒。

33．尾本

穴位：尾腹面距尾根 2.5 寸处的血管上一穴。

针法：中宽针直刺入 3 分，出血。

主治：便秘，肚痛，沉郁。

34．交巢（地户）

穴位：尾根腹面与肛门之间的隐窝中一穴。

针法：中宽针或火针，向前上方刺入 5 ~ 10 分。

主治：腹泻，便秘，胃肠疾病。

（三）前肢穴位治牛病方法

1．中膊（撞膀）

穴位：前膀下缘凹陷中，左右侧各一穴（肩端上方的凹陷中）。

针法：中宽针或火针，向内方下斜刺 1.2 ~ 1.8 寸。

主治：捻挫，肩关节炎，前肢肌肉风湿症。

2．抢风（中腕）

穴位：中膊穴后下方约 1.5 寸处的凹陷中，左右侧各一穴。

针法：中宽针或火针，直刺入 1 ~ 1.5 寸。

主治：捻挫，肩关节炎，前肢肌肉风湿症。

3．下腕（肘前）

穴位：肘突前方凹陷中，左右侧各一穴。

针法：中宽针或火针，刺入 5 ~ 10 分。

主治：肘关节炎，肩关节炎，前肢关节炎。

4．追风（曲尺）

穴位：在腕关节后面正中，左右侧各一穴。

针法：中宽针或火针水平刺入 5 ~ 10 分。

主治：风湿症，循环障碍，腕关节炎。

5．八锁

穴位：胸膛穴下约 2 寸处的血管上，左右侧各一穴。

针法：中宽针沿血管刺入3分，出血。

主治：心经痛，肩膀痛。

6. 跪膝（关节）

穴位：膝盖外下缘的凹陷中，左右侧各一穴。

针法：小宽针水平向后刺入2～3分。

主治：膝盖肿胀。

7. 膝脉

穴位：前肢内侧，膝盖下约3寸处的血管上，左右侧各一穴。

针法：中宽针沿血管刺入3分，出血。

主治：膝盖肿。

8. 寸子（缠腕）

穴位：悬蹄旁上约5分处凹陷中（即在球节上方的筋前骨后凹陷中，左右侧各一穴。

针法：中宽针向内下方刺入5～10分，与关节囊成垂直方向，进针时须将肢提起稍屈曲，以便刺入。

主治：关节炎，肌肉风湿症，肿胀，扭伤。

9. 涌泉

穴位：两前肢蹄叉正中上方的凹陷中血管上，即蹄叉上三指处的凹陷中，每肢一穴。

针法：中宽针向后下方斜刺入3～5分，出血。

主治：球关节炎，冠关节炎，蹄叉腐烂，中暑，风湿症。

10. 前八字

穴位：蹄叉上两侧，蹄冠上缘部，每蹄内外各一穴。

针法：中宽针向后下方斜刺入2～3分，出血。

主治：球关节炎，蹄冠炎，蹄叶炎，过劳，痉挛。

11. 蹄门

穴位：蹄踵上方约二指处，每蹄内外各一穴。

针法：中宽针向前下方斜刺入 3 分。

主治：蹄部炎症，过劳。

12. 前灯盏（背风）

穴位：悬蹄后下方的凹陷中，每蹄内外各一穴。

针法：中宽针向前下方斜刺入 4 分。

主治：蹄肿，蹄炎。

（四）后肢穴位治牛病方法

1. 肾堂

穴位：后肢内侧上方的血管上，左右侧各一穴。

针法：中宽针直刺入 3 分，出血。

主治：肾与膀胱疾病，睾丸肿大，后肢神经痛。

2. 承山（曲池）

穴位：跗骨前的凹陷中（跗关节前方靠近内侧的凹陷中），左右各一穴。

针法：中宽针向后直刺入 5~6 分。

主治：风湿症，循环障碍，跗关节炎，腹泻，无名热，不反刍。

3. 大转子

穴位：股骨前方和髋骨交接处，左右侧各一穴。

针法：火针直刺入 1 寸。

主治：后肢风湿症，坐骨神经痛，股膝关节炎，捻挫，跛行。

4. 大胯

穴位：股骨头正中上方 3~4 寸处，左右侧各一穴。

针法：火针直刺入 1 寸。

主治：后肢风湿症，坐骨神经痛，股膝关节炎，捻挫，跛行。

5. 小胯

穴位：股骨头正中下方约 1 寸处，左右侧各一穴。

针法：火针直刺入 1 寸。

主治：后肢风湿症，坐骨神经痛，股膝关节炎，捻挫，跛行。

6. 黄金

穴位：股骨头后上方约 3 寸处，左右各一穴。

针法：火针直刺入 1 寸。

主治：后肢风湿症，坐骨神经痛，股膝关节炎，捻挫，跛行。

7. 扯脚

穴位：黄金穴正中下方约 4 寸处的肌沟内，左右各一穴。

针法：火针直刺入 1 寸。

主治：后肢风湿症，坐骨神经痛，股膝关节炎，捻挫，跛行。

8. 后通膊

穴位：大转穴正下方约 6.5 寸处，左右各一穴。

针法：中宽针或火针水平刺入 1 寸。

主治：后肢肿胀，失膊。

9. 掠草（梳子骨）

穴位：膝盖骨下缘稍外方的凹陷中，左右侧各一穴。

针法：火针向后上方刺入 1 寸。

主治：膝盖骨肿胀，风湿症。

10. 后寸子

穴位：悬蹄旁上约 5 分处的凹陷中，左右侧各一穴。

针法：中宽针向内下方刺入 5～10 分。

主治：蹄炎，风湿症，肿胀，扭伤。

11. 滴水

穴位：两蹄叉正中上方的凹陷中，每肢各一穴。

针法：中宽针向后下方斜刺入 3～5 分，出血。

主治：球关节炎，冠关节炎，蹄叉腐烂，风湿症，中暑。

12. 后八字

穴位：蹄叉上两侧，蹄冠上缘部，每蹄内外各一穴。

针法：中宽针向后下方刺入3分，出血。

主治：球关节炎，蹄冠炎，蹄叶炎，过劳，中暑。

13. 后蹄门

穴位：蹄踵上方约二指处，每蹄内外各一穴。

针法：中宽针向前下方刺入3分。

主治：蹄部炎症，过劳。

14. 后灯盏

穴位：悬蹄后下方的凹陷中，每蹄内外各一穴。

针法：中宽针向前下方刺入4分。

主治：蹄肿，蹄炎。

附图6-2及图6-3供各位读者参考，均节选自《兽医手册》。

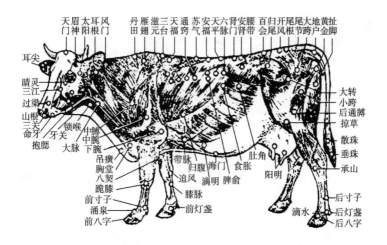

图6-2 牛的浅层肌肉及常用针灸穴位

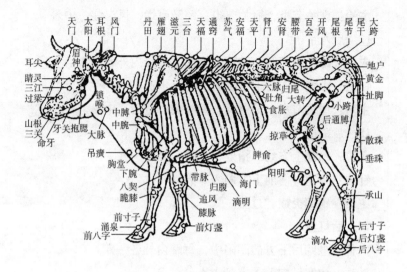

图6-3 牛骨骼及常用针灸穴位

第七章 民间治牛病良法良方

一、治疗牛消化器官疾病的良法良方

（一）瘤胃鼓气（气胀）

方1：连根韭菜500克，小茴香、川楝子各100克，水煎2次，用混合汁液1.5升，大牛一次内服。

方2：鲜萝卜1500～2000克，捣烂挤压取汁液，加入菜油300～500毫升，调匀，大牛一次内服。

方3：鲜水萝卜1000克，葱70克，蒜100克，食盐40克共同捣烂，加食醋1升，大牛一次内服。

方4：萝卜籽150克，芒硝150～200克，滑石65克，共研为细末，加食用油500毫升、酸菜水或醋2大碗，共同混合，大牛一次内服。最好服后饮牛奶500～700毫升。

方5：大蒜150克捣烂，加香油250毫升，醋400毫升混合，大牛一次内服。

方6：大蒜、茴香各150克，灯芯30克，共同捣碎，用水2升冲调，大牛一次内服。

方7：50%大蒜酊200～300毫升，加入水1毫升，大牛一次内服，每日2次，连服3天。

方8：大蒜4头，稻草1把，成瓣状，喂牛，让牛慢慢咀嚼。

方9：干茴香150～300克，研成末。开水冲调，大牛一次内服。

方10：红辣椒60克，豆油50毫升，将油烧开辣椒放入炸为辣椒油，再加醋 250 毫升，大牛一次内服。

方 11：辣椒粉 50 克，豆油 400 克，加水 1500 克，治疗牛急性瘤胃鼓气。

方 12：生姜、大蒜各 120 克，用灯油 65 毫升混合，再用开水冲调，大牛一次内服。

方 13：豆油 200 毫升，面起子 60 克，大牛一次内服。

方 14：豆油 500 毫升熬开，加入花椒末 65 克，再加草木灰 100～200 克，搅拌后加水调匀，大牛一次内服。

方 15：烟叶、吴茱萸各 50 克，共捣碎加水 1 升，大牛一次内服。

方 16：烟叶 50 克研碎，植物油 500 毫升，大牛一次内服。

方 17：菜油 500 毫升。草木灰 250 克，不带籽花椒 30 克，研末，将油烧开后放入草木灰及花椒末，拌匀后加开水冲调，大牛一次内服。

方 18：活泥鳅 10～20 条，食油 250 克，大牛一次内服。

方 19：人头发 65 克，放入 600 毫升棉籽油内炸焦，萝卜籽 150 克研碎，大蒜 130 克捣烂，共同混匀，大牛一次内服。

方 20：醋 300 毫升，大蒜 150 克捣碎，香油 200 毫升混合，大牛一次内服。

方 21：食醋 1 升，硼砂 30 克研末混合，大牛一次内服。

方 22：食醋 500 毫升，白酒 150 毫升，大蒜 150 克捣碎混合，大牛一次内服。

方 23：食醋 500 毫升，煤油 100 毫升混合，大牛一次内服。

方 24：食盐 90 克，樟树二层皮 120 克，萝卜籽去壳 500 克，共同煎水内服。

方 25：食盐 100 克，鲜黄荆树叶 1500 克，先将鲜黄荆树叶捣烂，加盐共同揉后内服。

方 26：人工盐 400 克，蓖麻油 250～400 毫升，大牛一次内服。

方 27：食盐 30 克，碱面 15 克，大蒜 150 克捣烂，白酒、温水各 0.5 升混合，大牛一次内服。

方 28：食盐 100～150 克，腌菜水 0.5～1.0 升混合，待食盐溶化后，大牛一次内服。

方 29：鸡内金 50 克炒研末，砂姜 50 克捣烂，白糖 50 克。将上药混合，用布包后塞入牛口中。主治：牛气胀不消。

方 30：生石灰水 250 毫升，加水 5 升，熔化取其澄清液，大牛一次内服。

方 31：枯矾 20 克研细，食醋、食用植物油、温水各 300 毫升，混合，大牛一次内服。

方 32：松塔、小茴香各 100 克，共同捣碎，加胡麻油 500 毫升，调匀，大牛一次内服。

方 33：松树叶 100 克，加水 2 碗，煎汁 1 碗，加胡麻油 250 毫升，大牛一次内服。

方 34：鸡粪白 65～130 克，放在 500～800 毫升白酒内，煮开 10 分钟，趁热加入植物油 300 毫升，调匀，候温。大牛一次内服。

方 35：皂角 65 克、放入 500 毫升香油内炸焦、捣碎、候温，大牛一次内服。

方 36：豆秸灰 130 克，放入 500 毫升香油内煮开 10 分钟，候温，大牛一次内服。

方 37：葱 3～5 根切碎，炒盐 40～60 克，干姜（研末）20～30 克，牵牛子（研末）30～50 克，加醋 250～400 毫升，酒 100～200 毫升和水少许，大牛一次内服。治疗：牛肠鼓气。

（二）牛瘤胃积食

方 1：食盐、生姜各 60 克，酵母粉 50 克，小茴香 70 克，共研细末加食醋 1 升，香油 0.5 升，水 1 升，大牛一次内服。

方 2：0.5% 盐水 100～150 升，反复洗胃，洗出大部内容物，效果较好。

方 3：食醋 1 升，神曲 250 克，硫酸镁 500～700 克，先用开水泡调神曲，再加入醋及硫酸镁，与适量清水内服。

方 4：食醋 1 升，萝卜籽磨粉 200 克，香附子 40 克（捣烂），混合加水 2 升内服。

方 5：食醋 1 升，小苏打 250 克，各加适量温水，先服小苏打，然后服醋。

方 6：臭椿皮 250 克，萝卜茎叶 500 克煎汤 2 升，土碱 65 克，白酒 250～300 毫升，混匀内服后再服陈醋 1.5 升，大牛一次内服。

方 7：食醋 1 升，食盐 100 克，食用油 500 毫升，加水适量混合，大牛一次内服。

方 8：红糖 130 克，白酒 100 毫升，炒姜 65 克（捣烂），香油 200 毫升，加水 500 毫升调匀，大牛一次灌服。

方 9：鸡内金、大黄炭、炒二丑各 100 克，煎汁 3 升，加白酒 400 毫升，大牛一次内服。

方 10：鲜萝卜 7～15 千克，捣烂取汁液 7.5 升，大牛一次内服。

方 11：炒萝卜籽 65 克，香附 35 克，共研细末，加食醋 1.5 升混合，大牛一次内服。

方 12：水萝卜茎叶 300 克，煎汁 1.5 升，加糖 160 克，土碱 65 克，白酒 200 毫升，混合均匀内服后，再内服陈醋 300 毫升，大牛一次量。

方 13：萝卜籽 500 克，猪油 800～1000 克，滑石 120 克，先将萝卜籽研末加猪油加水内服。发病后期加滑石。

方 14：韭菜 1500～2500 克，麻仁 3 个，炒香压碎，熬熟食油 2000 克，食盐 200 克。先把韭菜切成段，撒上食盐，用手揉搓，待韭菜出水后，团成 3 ~ 4 个拳头大小的韭菜团填喂病牛，然后把油和麻仁倒入盆内，与韭菜汁混匀，让牛舔食或内服，多饮水。

方 15：大蒜 250 克，食盐 60 克，共捣如泥，加食醋 1.5 升混合，大牛一次内服。

方 16：马铃薯 60 克，煮熟捣烂成泥状，加食用油 150 克，用适量的温开水内服。每天早、晚各 1 次。连服 3 ~ 5 天。

方 17：新鲜韭菜 250 ~ 500 克捣烂兑水，大牛一次内服。

方 18：黄瓜 3000 ~ 4000 克，盐 250 克，混合喂服。

方 19：南瓜藤 3000 克，生盐 50 克，先将南瓜藤捣烂，水煎取汁，加适量食盐内服。

方 20：葱白 100 克，炒山楂 200 克，食醋 1 升混合，大牛一次内服。

方 21：烟丝 65 克，香油 500 毫升，大牛一次内服。

方 22：菜油 0.5 ~ 1.0 升，食醋 300 ~ 500 毫升混合，大牛一次内服。

方 23：花生油 300 ~ 500 毫升，煤油 30 ~ 70 毫升混合，牛一次内服。

方 24：烟袋油子少许，抹入牛两眼角，刺激牛剧烈活动，以排气、排便、消胀。

方 25：石膏 150 ~ 350 克，加水煎汁，去渣内服。适用于牛过食黄豆引起的瘤胃积食。

方 26：食用碱面 150 克，大酱 250 克，香油 500 毫升，加适量温水混合均匀内服后，再内服食用醋 250 毫升。

方 27：椿白皮 60 ~ 90 克，常山、枳实各 20 ~ 25 克，萝卜籽 60 克，甘草 15 克，煎水内服。每日 1 剂，连服 2 ~ 3 剂。

方 28：牵牛子 30 ~ 50 克，枳壳 40 ~ 70 克，常山 60 ~ 80 克，共研为末，开水冲调，牛一次灌服。

方29：山楂100~200克研末，加食醋0.5~1升，牛一次灌服。

（三）牛前胃弛缓

方1：白酒500毫升加水适量，大牛一次灌服。

方2：10%温食盐水1~4升，大牛一次灌服。

方3：食醋1.5~2.5升，大牛一次灌服。

方4：食醋500克，大蒜120克捣碎，盐15克，温水冲服。

方5：萝卜籽150克炒后研末，加香油300毫升，大牛一次灌服。

方6：切碎鲜韭菜1~2千克，加醋250~750毫升，一次内服。

方7：大蒜250克，食盐50~100克，加水适量，大牛一次内服。

方8：大蒜100~150克捣料，加醋250~750毫升，食用油1升调匀，大牛一次内服。

方9：南瓜藤须（焙干）120克，皂角80克（烧炭存性），共研细末，加醋1.5升，开水适量冲调，大牛一次内服。

方10：枳壳150克，南瓜藤须40克，白萝卜籽、臭椿皮各250克，共同焙干研末，加陈醋800毫升，开水适量冲调，大牛一次内服。

方11：取烟叶50克，水500克，煎汁拌入草料中喂牛，有兴奋反刍作用，此法对前胃弛缓等胃病，效果甚佳。

方12：麦芽100克，半夏、陈皮各30克，神曲、生姜、碱面各50克，食盐80克，共研为末，加大蒜泥50克，混合均匀，加水内服。

方13：五爪龙（高粱根未入土者）焙干，白矾各60克，木瓜100克，扁豆250克，共研细末，加白酒150毫升、醋1升，开水适量冲调，大牛一次内服。

方14：焦高粱、焦小麦、焦神曲各150克，大葱100克，加水煎汁1.5升，加酒100毫升、醋0.5升调匀，大牛一次内服。

方15：棉花籽100克炒焦，黄瓜身60克焙干，红花35克，共研细末，加陈醋800毫升，开水适量冲调，大牛一次灌服。

方16：烟丝50克，清油300毫升，大牛一次内服。

方17：棉籽油250～500毫升，煎热去沫，放入黍子150克，并将露蜂房1个剪碎投入炸焦，大牛连油一次灌服。

方18：小苏打150～250克，加温水0.5～1升溶解，投入胃中，再投入食用醋300～350克，大牛每天1～2次。

方19：陈建曲200克，温水冲调，加陈醋500克，大牛一次灌服。

方20：椿树皮200克，小茴香50～100克，红萝卜500克，加水熬去渣，加食盐100克为引，大牛一次灌服。

方21：公丁香（水牛100～150克，黄牛65～100克）研成末，与食用油（水牛0.5～1升，黄牛减半），混合罐服。

方22：发酵面200～500克，白酒100毫升，红糖120克，混合加水调匀，大牛一次灌服。

方23：常山85克，甘草120克，共同煎汁3升，每日早晚各罐服1.5升。

方24：熟枣肉250克，大牛每日罐服1次。

方25：焦山楂、炒麦芽、神曲各80克，研成细末。开水调匀，候温，大牛一次灌服。

方26：焦臭椿皮250克，焦山楂120～150克，灯芯25克，加水煎汁1.5～2升，候温，大牛一次灌服。

方27：松树叶120克，马勃20克，水萝卜1.5千克，加水煎汁2次大约3升，大牛1日分2次灌服。

方28：鲜水萝卜2.5千克切碎，麦芽500克，炒食盐50克，共同捣碎，大牛一次口服。

方29：发酵面500克，生水萝卜1.5千克切碎，清油250毫升，共同捣烂，大牛一次口服。

方30：侧柏叶100~200克，研末，开水冲调，候温，大牛一次灌服。

方31：榆白皮1千克，切碎水煎浓汁，大牛一次口服。

方32：神曲200~450克研末，用温水1.5~3升冲调，加醋250~750毫升，大牛一次灌服。

方33：巴豆壳10~20个，焙干研末，开水冲，大牛一次灌服。

方34：槟榔15~50克研末，大蒜80~120克捣烂，加红糖150~300克，白酒70~100毫升，温开水冲药，牛一次灌服。

方35：狼毒5~10克，甘草15~30克，水煎汁。牛一次灌服。

方36：泡萝卜（新鲜萝卜泡在盐水坛内腌制而成）250~500克切细，混入新鲜人尿250~500毫升，牛一次灌服。

（四）瓣胃阻塞

方1：红糖300克，油葱500克，无根藤200克，食盐50克、共捣溶，冲洗米水内服。

方2：红糖200克，芭蕉心1000克，生油200克。共捣溶，冲水内服。

方3：人工盐300~500克，食盐30~50克，炙马钱子3~5克，用温水3~8升，用胃管一次投服。

方4：食盐200克，食醋400毫升，温水1~2升，混合一次内服。

方5：生理盐水1~2升，皱胃内注射（软化真胃内容物）。治疗牛真胃阻塞。

方6：白萝卜5千克（捣烂拧汁），切碎猪板油1千克，混合，大牛一次喂服。

方7：白萝卜5～7千克切片煮烂取汁，生芝麻500～700克，仙人掌0.5～1千克去刺捣烂混合，牛一次喂服。

方8：白萝卜5～10千克，切碎捣烂，牛一次喂服。

方9：白萝卜4～6千克，洗净切丝伴入1500～2500克稻谷粉，分早晚2次喂服。

方10：韭菜根0.5～1千克，桑白皮根250克，共加水煎汁1升，加食盐90克，香油0.5升，大牛一次内服。

方11：切碎鲜韭菜750克，加水2升煮熟，加豆油1升调匀，大牛一次内服。

方12：菠菜3000克，捣烂如泥，加豆油500毫升，水1升，一次内服。

方13：大白菜5～7千克切碎，水煮八成熟，捞出揉成团喂牛，汤灌牛。

方14：豆油500～800毫升，白酒100～200毫升温水3～6升，大牛一次内服。

方15：豆油250克，蜂蜜250克，鸡蛋清7个，混合后加适量温开水，牛一次内服。

方16：食用油0.5～1.0升，煮开凉，加醋0.5～1.0升混合内服。

方17：芝麻500克，冬瓜子、西瓜子各120克，共研细末，与红萝卜捣烂混合内服。

方18：白芝麻500～1000克，萝卜2500～5000克，捣烂调匀内服。再用去皮壳的大麦仁5000～7000克煮汤，任牛自饮。

方19：豆油250毫升，鲜泥鳅鱼10～15条，将两物混合服下，连服10天。

方20：香油1升、头发35克（放油内炸焦）、蜂蜜250克，加开水3升冲调，大牛一次内服。或香油0.5～1升、头发50～100克（放油内炸焦），与香油混合，大牛一次灌服。

方21：发酵面1000克，小苏打100～150克，加温水4000～8000毫升，调和内服。每日1次，连服2～3次。

方22：玉米粉1000克，曲种250克，混合均匀，放于盆内加水调成糊状，待其发酵发出酸味时，再放入食盐250克溶于水中，放入玉米糊内搅拌均匀，给大牛一次内服，1～2次即可治愈。

方23：芒硝300～500克，水3～5升，大牛一次内服。

方24：滑石65克，大黄150克，芒硝250克，共研细末，开水调2.5升，大牛一次内服。

方25：滑石70克，牵牛27克，大黄60克，甘遂15克，大戟15克，续随子16克，白芷20克，肉桂23克，榆白皮100克，共为细末，猪油、蜂蜜为引，同煎内服。

方26：榆树皮200～300克，用开水3升煎至2升，去皮渣，加植物油200～300毫升、酸菜水1升，同调，大牛一次内服。

方27：榆白皮250～500克，食盐90～150克，捣成糊状，用蜂蜜、温水各1千克，混合调服，每日1剂，连服2～3剂即愈。

方28：榆白皮200～300克，水煎内服。

方29：猪胆汁250～300毫升，加食醋50毫升，温开水冲服。重症直接注入瓣胃内，一次可治愈。

方30：仙人掌1500克去刺捣烂，取汁与猪油2000克，混合内服。

方31：鸡蛋5～10个，胡麻油0.5～1升，用蛋清混合，大牛一次内服。

方32：鸡蛋5个，冲菜油500克内服。

方33：玉米面1千克，发酵面250克，加水适量，调成糊状，保温发酵，使玉米面发酵至冒泡，有特殊酸味为度，食盐100克温水溶解，再加入玉米面中，搅拌均匀，一次内服。

（五）翻胃吐草

方 1：鲜姜 150～200 克榨取姜汁，加入蜂蜜 100 毫升，水适量调匀，大牛一次灌服。

方 2：生姜 120 克，苏子 150 克，茄子柄 200 克焙干，共研细末，用淘米水 2.5 升煎开冲调，候温，大牛每日灌服 1 剂，10 剂为一疗程。

方 3：韭菜 1 千克，生姜 120 克，共同捣烂，加牛奶或豆浆 2 升调匀，大牛一次灌服。

方 4：生姜 70 克，大蒜 70 克，神曲 130 克，共研细末，开水 2 升冲调，候温，大牛一次灌服。

方 5：棉花壳 100 克，韭菜 500 克，生姜 50 克，水煎 2 次得混合汁液 2 升，加醋 0.5 升，大牛一次灌服。

方 6：丁香 45 克，柿蒂 80 克，党参 100 克，生姜 60 克，共研细末，开水冲调，候温，大牛一次灌服。

方 7：麸子皮炒焦、灶心土各 250 克，青萝卜 150 克焙干，共研细末，加醋 500 毫升，开水 1.5 升，调匀，候温，大牛一次灌服。

方 8：炒盐 20 克，胡椒面 5 克，鸡蛋壳 100 克，小茴香 50 克，共研细末，开水冲调，候温。大牛每日 1 次灌服，10 剂为一疗程。

方 9：甘草 150 克，生姜 80 克，炒食盐 50 克，灶心土 250 克，共研为细末，用热白米汤 2 升调匀。大牛每日 1 剂灌服，连喂 5 日后改为煎汁 1 升灌服，再服 5 日为一疗程。

方 10：陈石灰面 500 克，融入 6 升水中，取上清液 2.5～3 升，加醋 1 升混合，大牛每日 1 次灌服，5 次为一疗程。

方 11：盐乌梅 50 克，灶心土 200 克，绿豆 250 克，水煎 2 次得混合汁 2 升，大牛一次灌服。

方 12：法半夏 30 克，茯苓 60 克，生姜 100 克，灶心土 250

克，共研细末，开水 1.5 升冲调，大牛一次灌服。

方 13：旋复花 100 克，乌梅 120 克，兽骨粉 100 克，共研细末，开水 1.5 升冲调，大牛一次灌服。

（六）牛腹泻、痢疾

方 1：川花椒、山药、生地各 30 克，胡椒 15 克，蜂蜡 60 克，糯米 100 克（炒焦），上药共为细末，蒸稀粥喂服，连服 3~5 剂即愈。

方 2：陈茶叶 200 克，鲜生姜 100 克，炒食盐 20 克，煎服，每日 1 剂，连服 1~2 剂。

以上 2 方　主治：牛顽固性拉稀。

方 3：按患牛体重每 100 千克，用红糖 100 克，60 度白酒 100 毫升，文火熬至红糖全部溶化，候温一次内服。主治：奶牛寒泻或虚泻。

方 4：茶砖 50 克（捣碎），酸奶 2.5 升，红、白糖各 100 克，加水煎开 20 分钟，牛每日一次内服。7 日为一疗程。牛腹泻、胀痛时用。

方 5：大蒜少许水捣烂，取汁 60 毫升，食醋 100 毫升，混匀后再加入等量冷开水，调匀内服。

方 6：去皮大蒜 100 克，充分捣烂，用温开水调匀内服。

以上 2 方，主治腹泻、痢疾，一次见效。

方 7：小茴香 25 克，草果 50 克，红豆冠 25 克，姜 50 克，桃子叶 200 克，石榴皮 100 克，水煎汁内服。

方 8：南瓜根 30 克（炒微黑），炒盐 5 克，共研为细末，开水冲调，调和内服。主治：牛犊腹泻。

方 9：葱头 250 克、生姜 50 克共捣烂，加白酒 200 毫升，水冲服。

方 10：干姜 50 克，大蒜 100 克，水煎内服。

方 11：蒜头 250 克，海蚌含珠 500 克，酸醋 1000 克，前两味药捣溶，冲醋连渣内服。主治：牛血痢。

方12：高粱1千克炒黑研末，水灌服。

方13：高粱500克，山栀子、地榆各30克，炒黄研末，煎水内服。

方14：荞麦面250克炒至红色，白矾15克，开水冲调内服。

方15：椿白皮、柿树皮各60克，焙黄研末，红糖为引，开水冲调内服。

方16：石榴树皮、西瓜皮各120克（焙干）共为细末，开水冲服。主治：牛拉稀带血。

方17：石榴皮60克，椿白皮50克，焦山楂50克，共为细末，调水内服。

方18：石榴树皮（焙干炒焦）100～150克，艾叶50～100克，红高粱500克，水煎汁2次，混合汁约3升，大牛每日分2次内服，中小牛酌减，5日为一疗程。主治：牛肚疼久泻。

方19：枣树皮120克，白矾30克，水煎内服。

方20：用枣树皮50克（炒黄研末），红高粱50克（炒黄研末），破鞋1双（烧灰研末），开水冲调内服，连服2～3剂。

以上2方，主治牛腹泻不止。

方21：槐树皮90克，樟树皮80克，马鞭草150克，桃金娘65克，萝卜籽45克，煎水喂服。

方22：枣树皮、柿树皮各120克，红糖为引，煎水内服。

以上2方，主治牛腹泻带血。

方23：灶心土50克，枯矾10克，共为细末，一次内服，每日2次。主治：牛犊下痢。

方24：灶心土90克，加水1500毫升煎至750毫升，过滤加盐30克、酒100毫升，装壶内封闭澄清，分3次内服。每隔32小时服1次。主治：牛犊白痢。

方25：锅底灰15～20克，白矾6～10克，鸡蛋2个，加水适量，混合内服。主治：牛犊腹泻。

方26：木炭末、紫皮大蒜（捣烂）各50～80克，大牛一次内服。主治：牛下痢。

方27：灶心土3份，焦乌梅5份，罂粟壳1.5份，鸡蛋壳3份，共为细末，加适量白酒，开水冲调。大牛服100～150克，中牛服24～45克，小牛酌减。每日1次，5日为一疗程。主治：牛肠寒粪稀、水泻腹痛。

方28：灶心土100克，食盐35克（炒），荞麦面200克（炒黄），干姜60克，共研细末，开水冲调，大牛每日1次内服，中小牛酌减，7日为一疗程。主治：牛腹痛久泄。牛腹痛、拉稀日久，甚至粪稀如水。

方29：灶心土煎汁内服，或用冷白米粥喂服。主治：牛水泻不止。

方30：炭末30～60克，开水冲调，大牛每日一次内服，4日为一疗程。主治：牛水泻。

方31：木炭末100～200克。炒米粉适量，水1～2升，制成悬浮液，大牛一次内服。主治：牛拉稀不止。

方32：西瓜皮、石榴皮各150克晒干，共研细末，开水冲调。每日1次内服，5日为一疗程。主治：牛轻烧、拉稀日久。

方33：猪苦胆粉3克，枯矾24克，雄黄12克，小米（炒或炭研末）24克，每日3次，开水送服。治疗：牛犊痢疾。

（七）牛便秘

方1：食盐300～400克，温水600～800毫升，混合配成5%溶液，一次内服（食盐每千克体重0.6～0.8克计算）。服药后要经常牵遛，任其饮水。

方2：5%盐水2～3升，大牛一次内服。

方3：食盐200～300克，大蒜50～100克（捣烂呈泥状），温水4～6升，大牛一次内服。本方对牛早期排便迟滞的疗效较好。对胃肠已经陷于弛缓的重症病例，可用无刺激和油类泻剂，如液状石蜡 0.5~1.0 升植物油 300~500 毫升，大牛一次内服。

方 4：食盐 300~400 克（可酌加蜂蜜 0.5~1.0 千克），用温水 4~8 升溶解后，大牛一次内服。投药后适当牵遛，勤给饮水，3~4 小时排便。

方 5：食盐 250~370 克，加温水 7.5~10 升，胃管投服。灌后牵遛，防止打滚，勤饮水，如其开始饮水，则表示好转。于 1~2 小时后腹痛停止，3~6 小时开始排便。

方 6：茴香、肉桂、苍术、干姜、乌药、青皮、槟榔各 30 克，白术 20 克，二丑 90 克，大黄 60 克，先煎其他药，大黄研末冲调内服。适用于寒湿秘结。

方 7：去皮马铃薯 600 克，捣烂用纱布过滤取汁，加适量温开水内服。适用于习惯性便秘。

方 8：黄瓜秧阴干后研末 60 克，水煎去渣，陈醋 500 毫升，麻油 250 毫升，三药混合后一次内服。牛瓣胃秘结治疗。

方 9：猪苦胆 250 克，蜂蜜 130 克，加温水适量混合，大牛一次内服。

方 10：猪油 1 千克，加入陈皮粉 50 克调匀，大牛一次内服。

方 11：榆白皮 250 克，食油 500 克，研细喂服。

方 12：芒硝 250 克，炒的萝卜籽 120 克，共研末，香油 500 毫升，混合加温水适量调匀，大牛一次服用。

（八）牛消化不良

方 1：食醋 250~500 毫升，加水 0.5 升，大牛每日两次内服，5 日为一疗程。用于消化功能紊乱，治疗以胃为主的消化不良。

方 2：食醋 250~500 毫升，加水 0.5 升，大牛每日一次内服，5 日为一疗程。治疗：牛消化紊乱的消化不良。

方 3：茶砖 30~150 克研成细末，开水冲调，大牛每日一次内服，5日为一疗程。粪便糖稀时用。

方4：大蒜70克，白萝卜500克，捣烂混匀，大牛每日一次内服，中牛服1/2量，小牛服1/5量，5日为一疗程。

方5：大蒜100克，黄连35克，共同捣烂混匀，开水冲调，大牛每日一次内服，中牛服1/5量，小牛1/10量，5日为一疗程。

方6：大蒜50克，鲜苦菜150克，白酒50毫升，混合捣烂，开水适量冲调，大牛每日一次内服。3日为一疗程。

方7：艾叶15克，灶心土150克，共煎1升，生姜15克，大葱100克，大蒜40克，共捣烂，混入上述药汁中，大牛一次内服，隔日1次，4日为一疗程。

方8：姜、海螺蛸各60克，白及、石菖蒲各30克，共研细末，开水冲调，大牛每日1次内服。中牛服1/4，小牛1/10，5日为一疗程。

方9：生姜、大枣各100克，焦山楂、红糖各100克，加水煎汁两次混合，共约1升，大牛一次内服。

方10：芒硝200～300克，香油250毫升，加水2.5升，大牛一次内服。粪干时用。

方11：鲜马齿菜1千克，鲜蒲公英500克，捣烂混匀内服。大牛每日1次罐服，中牛服1/5量，小牛服1/10量。

方12：5%盐水2～3升。大牛一次罐服，粪便干结时用。

方13：大蒜5～10头，捣碎加水适量，大牛每日1次罐服，4日为一疗程。

方14：木炭末30～60克，开水适量冲调，候温，大牛每日1次内服，4日为一疗程。适用于水泻。

方15：小苏打、食盐各50～80克，大蒜4～6头捣碎，灶心土250克，陈皮粉20～30克，加水1升，大牛每日1次灌服，中牛服1/2量，小牛服1/10量。适用于肠功能紊乱为主的消化不良。

方16：焦椿树皮130克，焦黑豆500克，灶心土100克，共研细末，开水冲调，候温，大牛每日1次灌服，5日为一疗程。粪便稀时用。

方17：红高粱500~1000克，炒黄做成稀粥。大牛1次罐服，3日为一疗程。粪稀日久体质虚弱时用。

方18：生姜、大枣各100克，焦山楂、红糖各130克。加水煎汁两次混合，约1升，候温，大牛1次灌服。

方19：炒白面1千克，白矾100克，炒盐15克，研细末混匀，大牛每次用1/3，加开水调成稀粥样，候温灌服，每日1~3次，3日为一疗程。粪稀体质虚弱时用。

（九）牛胃肠卡他

方1：生石灰倒开水搅拌，静放沉淀后取上清液，一次内服。

方2：锅底灰30~50克，陈皮50克研末，开水适量冲调，大牛一次内服。适用于下痢时用。

方3：锅底灰100~150克，白矾30~40克，鸡蛋清7个，混合一次内服。

方4：木炭末90克，炒盐60克，甘草30克，共煎一次内服。

方5：小茴香（炒）120克，肉桂30克，炒盐60克，共研末，混合后加入料内，分2次喂食，1日喂完。

方6：南瓜根100克（微炒黑），炒盐30克，共研末，一次内服。

以上6方，治疗胃肠卡他。

方7：炒小米250克，炒地肤子、炒车前子各35克，茵陈、红糖各60克，共研细末，用红枣30个煎汁适量调药，大牛一次内服。适于肠寒、粪稀、黄疸时用。

方8：绿豆粉8份，白矾，大黄各三份，干荷叶6份，共研细末炒黄，开水冲调，大牛内服200克。中小牛服60～100克，每日1次，7日为一个疗程。

方9：糯稻根、焦山楂各100克，玉米须15克，炒蒲黄50克，砖菜130克，共煎浓汁适量，大牛1日内分2～3次服完，连服7日为一疗程。如有黄疸时加大枣30枚。

方10：生姜100克，锅底灰120克，葱60克，蒜50克，共同捣烂。用滚开的米汤调成糊状，大牛隔日服1次，5日为一疗程。

方11：大葱3根，神曲、生姜、大枣（去核）各60克，研末，开水调，加黄酒200克，大牛一次内服。

方12：茶砖130克，糯稻根、焦山楂各100克，玉米须15克，炒蒲黄50克，共煎浓汁适量。大牛每日分2～3次服完。连服7日为一疗程。肠热脾湿，肾虚肝旺，汗多不渴，粪稀尿少，烦躁不食，有时腹胀疼痛，口臭体固，四肢水肿，可采用此方，有黄疸时加大枣30枚。治疗：牛急性肠卡他。

以上6方，治疗牛急性肠卡他。

方13：食盐20克，蓖麻油15克，木炭末30克，灶心土50克，水4升，配成乳剂，隔日内服。

方14：白糖、红糖各100克，山楂30个（炒黄），研末，大牛一次内服。

方15：红糖100克，酸枣树根100克（刮去里皮、焙干研末，大蒜10头（烧灰存性），用红枣30个煎汁适量调药，大牛一次内服。粪稀带血时用。

方16：蓖麻油15毫升，食盐20克，木炭末20克、灶心土50克、水4升，酿成乳剂，隔日内服1次。

方17：豆油300毫升，小苏打20克，芒硝34克，食盐20克，加水适量，大牛一次内服。

以上 5 方，治疗牛慢性肠卡他。

方 18：姜 100 克，鲜萝卜 250 克，切为细末，加红糖 200 克，开水冲调，大牛一次内服。

方 19：葱白 60 克，炒盐 30 克，神曲 60 克，共同捣烂，再加入醋 300 毫升，红糖 120 克，水 1 升煎汁，大牛一次内服。7 日为一疗程。适于胃寒不食，粪干稀交替时用。

以上 2 方　治疗：急性胃卡他。

方 20：鲜姜、大蒜各 20～50 克（捣烂），白酒 50～100 毫升，水 100～300 毫升，混合备用，大牛隔日一次内服，连服 5 次。治疗：慢性胃卡他。

（十）牛胃肠炎

方 1：连根韭菜 1 千克（洗净切碎），切碎生葱 100 克，共同捣和，用热米汤冲调，大牛一次内服，小牛酌减。腹痛、粪带脓血时用。

方 2：大蒜 5 头，捣为蒜泥，食盐 50 克，白酒 200 毫升，用水调和后，大牛每日一次内服。

方 3：大蒜 100 克捣成泥状，加水 1 升，大牛每日一次内服。现配现用。

方 4：紫皮大蒜、牛粪炭（牛粪烧灰）各 250 克，共同捣碎，调入鸡蛋 10 个（用蛋清），用砖茶 170 克煎浓汁 2 升冲调，大牛服此量 1/2，每日一次，5 日为一疗程。

方 5：大蒜 50 克，米醋、白米汤各 500 毫升，将蒜捣碎，用醋和米汤烧开冲调，大牛每日一次内服，中小牛酌减，5 日为一疗程。

方 6：大蒜 30～40 克捣碎，白矾 25～45 克（研末），两药混合，开水冲化白矾，大牛每日一次内服。5 日为一疗程。

方 7：捣碎大蒜 70 克，红糖 200 克，食醋 500 毫升，共同混合，开水冲化白矾，大牛每日一次内服。5 日为一疗程。

以上 7 方，治疗牛胃炎。

方 8：生姜、橘子皮各 50 克，花椒 15 克，共研细末，大牛一次内服。

方 9：绿豆粉 250 克，焦栀子 30 克，白胡椒 10 克。共研细末，用生葱 10 支煎汤冲调，大牛一次内服。牛发烧、肚痛、大便带血时用。

方 10：绿豆 1 千克，车前子 120 克，山楂 150 克，研末开水冲调，大牛一次内服，牛发烧、轻泻时用。

方 11：生蓖麻叶 250 克，洗净捣烂，加开水冲泡 2 次，共得汁 1.5 升，加食盐 10 克，大牛一次内服。

方 12：绿豆 100 克，藿香、车前子各 50 克，煎汁去渣，大牛一次内服。

方 13：滑石 120 克，生甘草（研末）20 克，荷叶 3 张，粳米 150 克，焦大麦（研末）500 克，荷叶、粳米煎汤去渣，冲入滑石粉、甘草粉、大麦面和匀内服。治疗：牛胃肠炎。

以上 6 方，治疗牛胃肠炎。

方 14：豆油 500～1000 毫升，人工盐 300～500 克，加水，大牛一次内服。治疗：牛皱胃炎。

（十一）牛痉挛疝

方 1：花椒 5 克，白头翁 30～150 克，滑石粉 150 克，研成细末，每次取 2 克，用竹筒吹入牛鼻孔。

方 2：白酒 200 毫升，大蒜 4 头捣烂，加调料面 100 克，用白酒调匀；或紫皮蒜泥 50～100 克，白酒 250～500 毫升，水 1～2 升混合，大牛一次内服。牛痉挛疝（冷痛）。

方 3：红糖 150 克，温热白酒 200 毫升，混合均匀，或再加干姜末 40～100 克，水适量调和，大牛一次内服，服药后牵走遛。

方 4：辣椒、炒盐各 30 克，小茴香（炒微黄）90 克，共研为末，开水冲调，大牛一次内服，中小牛服总量的 1/5 ~ 1/3。

方5：辣椒面 1 份，滑石粉 2 份，混合均匀，每次喷入鼻孔内 1.5 克，吹后牵遛。

方6：辣椒面 7 份，白芥子 3 份，花椒 4 份，小茴香 8 份，共研细末，每次吹鼻孔少量，隔 40 分钟吹 1 次，病愈为止。

方7：小茴香（炒）80 克，食盐（炒）30 克，共研末，加开水 0.5 升冲调，再加入白酒 150 毫升，大牛一次内服，服后牵遛。

方8：小茴香末 250 ~ 350 克，开水冲调，大牛一次内服。

方9：炒茴香 40 克，干姜 35 克，共研末，白酒 100 毫升，加开水 400 毫升调匀，大牛一次内服，服后牵遛。

方10：黄瓜叶（焙干存性）40 克，灶心土 200 克，共研为末，用白酒 200 毫升、开水 0.5 升调匀，大牛一次内服，中小牛用此量的 1/5 和 1/3，服后牵遛。

方11：大葱 3 根，鲜姜 60 克均捣烂，白酒 200 毫升，加水调和，大牛一次内服。

方12：干姜 35 克研末，用白酒 250 毫升调匀，大牛一次内服。

方13：生姜（切碎），红糖各 100 ~ 200 克，大葱 4 ~ 8 根切碎，白酒 100 ~ 200 毫升，大牛一次内服。

方14：烟叶 30 ~ 70 克，皂角 15 ~ 40 克切细，水煎 2 小时，取液 600 毫升，加辣椒 15 ~ 25 克，大牛一次内服。

（十二）牛黄疸

方1：茶叶 200 克，茵陈、芦根各 250 克，竹叶、瓜蒂各 50 克，加水煎服，大牛每日 1 剂，连用 3 ~ 5 日。

方2：槟榔 15 ~ 50 克研末，捣烂大蒜 80 ~ 120 克，加红糖 150 ~ 300 克，白酒 70 ~ 100 毫升，温开水冲调。大牛一次灌服。

方3：红糖、茵陈各 250 克，胡椒（研细）20 克，加水煎汁

1.5 升，大牛一次灌服。

方 4：鲜菠菜 2500 克，捣烂后加入猪苦胆 10 个，开水适量冲调，大牛隔日一次内服。

方 5：黄瓜叶、糠谷老（一种不结籽的病态谷穗）各 1 份，共研细末，每次吹入鼻孔少许，使流适量黄水。

方 6：玉米须、茵陈各 500 克，煎汤适量，牛分两次内服。

方 7：小麦芽 300 克，槐花 50 克，旋覆花全草（晒干）170克、黄瓜蒂 50 克，煎汁适量，每日 3 次内服。

（十三）牛便血

方 1：蓖麻根 750 克，红糖 250 克，捣烂冲开水去渣内服。

方 2：菜油 250 毫升，鸡蛋 10 个，将菜油和鸡蛋混合内服。

方 3：鲜槐叶 250 克捣烂，加食醋 500 毫升，鸡蛋 5 个（用蛋清），大牛一次内服。治疗：牛尿血便血。

方 4：西瓜皮 250 克，马铃薯 500 克，煎水内服。

方 5：西瓜皮、石榴皮各 120 克，共为细末，开水冲服。

方 6：人头发 45 克（烧炭），黄连 30 克，白头翁 60 克，锅底灰 100 克，三七 20 克，共研细末，童便为引，一次内服。

方 7：灶心土 250 克，黄酒 100 毫升，煎水内服。

方 8：灶心土 100 克，黄芩、香附各 45 克，白术 50 克，阿胶 30 克，干姜、甘草各 25 克。煎水内服。

方 9：锅底灰 100 克，温水调和内服。

方 10：灶心土 500~1000 克，干地黄 45 克，丹皮 45 克，地榆炭 45 克，黄芩 30 克，黑附片 15 克，阿胶 40 克，甘草 25 克，先煎灶心土，再用灶心土澄清液，煎煮其他药，煎后去渣，趁热溶入阿胶内服。

方 11：枣树皮、柿子皮各 120 克，红糖为引，煎水罐服。

（十四）牛结症

方 1：发酵玉米面（越酸越好）1000 克，加水 3 升，过滤后一次内服。

方2：向日葵鲜根1500克捣烂挤汁，加蜂蜜120毫升，温水适量混匀，大牛一次内服。

方3：菜油500~750毫升，鸡蛋20个，混匀喂服。

方4：猪胆汁100~200毫升，加食醋30~40毫升，深部保留灌肠。

二、治疗牛生殖器官疾病的良法良方

(一) 产后恶露不尽

方1：益母草120克，漏芦60克，艾叶30克，荷叶5张水煎，加红糖150克内服。

方2：人发烧炭50克，鲜益母草300克，元胡（研末）30克，加水煎开15分钟，加白糖300克，连渣一次内服。治疗：牛产后恶露不尽、肚疼不安。

(二) 胎衣不下

方1：南瓜蒂500克，艾叶50克，红花30克，煎汁适量，加白酒150毫升，一次内服。

方2：南瓜瓢500~800克，红糖250克，合煎煮沸15分钟，加白酒200毫升，大牛一次内服，早、晚各1次。

方3：蓖麻籽（去壳）120克，蓖麻籽适量，用水1升浸泡，取药液加生鸡蛋10个内服。

方4：向日葵盘150克，益母草100克煎汁适量，大牛一次内服。此方具有活淤、消肿、止痛、催衣作用。

方5：榆树根白皮45克，荷叶40克，王不留行35克，共研末，开水冲调，牛每日一次内服，连服2日。

方6：榆树皮100克，胡麻子250克（盐炒），共研末、大牛一次开水冲调内服。

方7：人头发25克，棕叶100克，共烧灰，用冷开水1升给牛调服。

方8：头发烧炭50克，香蕉叶500克，将二药烧灰后，冷开水500毫升、白酒100毫升内服。

方9：取塘底泥500～1000克，倒在患牛百会穴（腰椎与荐椎结合部的凹处），随后牛出现不安，喜欢运动，30～40分钟胎衣脱落。

方10：红糖500克，加温水适量，一次内服。治疗：牛胎衣不下。

方11：鸡蛋10个，醋250毫升，大牛一次内服。

方12：鸡蛋黄10个，陈醋500毫升，醋烧开之后放入蛋黄拌匀，大牛一次内服。

（三）子宫内膜炎

方1：经霜茄子900克，败酱草300克，赤小豆180克，共同煎汁适量，加红糖300克，大牛一次内服。适于产后子宫瘀血化热、带下肚疼浮肿。

方2：白茄根150克，干芹菜250克，韭菜根350克，共煎汁适量，加红糖250克，一次内服。

方3：向日葵茎秆（连白芯一起）100克，臭椿树皮350克、棉花籽125克，共捣碎烂，煎汁适量，大牛一次内服。适于子宫内膜炎带下肚痛。

方4：玉米须、白扁豆、蒲公英各60克，益母草、野菊花120克，加水煎汁，去渣加红糖200克，大牛一次内服。

（四）母牛不孕症

方1：孕妇（6个月以上的）清晨尿浸泡黄豆适量，浸泡1天后便可服用，每天喂500克，连服3～5天。

方2：马尾松嫩叶500克，糯米1500克，酒500毫升，将马尾松嫩叶捣烂，糯米炒成爆谷，筛去谷壳，把米研成粉加酒浸，5 天后才可用。在放牧前内服 300 毫升，隔 3 日服 1 次，在秋配期间服用效果更好。

方 3：桃树叶 2500 克，煎汁适量，大牛分 2 次内服。1 日 1次。适用于母牛肥胖不孕症。

方 4：糯米适量、干姜少许，炒黄磨粉，拌料喂服。

方 5：益母草 100 克，煎汁适量，调入荞麦面 500 克，大牛一次罐服，每日 1 次。

方 6：蚕豆 15～35 克、生姜 15～45 克，煎汁内服。

方 7：熟地 100 克，当归 45 克，白芍 40 克，山萸肉 35 克，共捣烂，开水适量冲调，大牛每日 1 剂灌服。

方 8：淫羊藿 35 克，韭菜籽 40 克，枸杞子 20 克，丁香 25克，肉苁蓉 30 克，共煎汁适量，牛一次内服。

方 9：红曲 100 克，狗骨头（烧存性）60 克，小茴香 20 克，共研末，用益母草 120 克煎汁适量冲调，牛一次灌服。

方 10：淫羊藿 40 克，龟板 20 克，鳖甲 20 克，水煎汁适量，牛每日 1 剂灌服，连服 7 天。

（五）产后缺乳

方 1：茄根 45 克，羊乳根、当归、黄芪、生地各 30 克，水煎服。

方 2：茄根 45 克，南瓜根、地锦草、蚯蚓各 30 克，王不留行 25 克，水煎内服。连服 2～3 剂，效果甚佳。

方 3：黄豆加水煮后加红糖适量，候温饮服，连喂 3 剂。

方 4：小米 500 克，王不留行 35 克熬粥，供牛自食。

方 5：生南瓜籽 150 克，捣烂如泥，加白糖 300 克，温开水冲调，牛每日 1 剂，连服 3～5 天。

方 6：党参 50～150 克、通草 30～100 克，煎汁加甜酒适量，给牛灌服。

方7：生花生仁500克，捣烂磨浆，牛一次内服。

方8：鲜蒲公英1500~2000克，洗净切碎喂牛，每日1次，连喂10天。

方9：黄豆加水煮熟后，加红糖适量，候温喂饮，按牛体重大小酌量，每日1次，连用数日。

方10：生黄芪400克，木通200克。上药煨猪蹄1只至熟烂，以汤汁喂服，牛每次1.5升，每日2次，连喂3剂。

（六）牛流产

方1：玉米皮100克，大红枣100克，煎汁适量，调入血余炭25克，大牛一次内服。

方2：糯稻根360克，丝瓜藤175克，黄芩50克，煎汁适量，大牛一次内服。

方3：椿根皮200克，干葫芦150克（湿的250克），煎汁适量，大牛一次内服。母牛胎动漏黄水肚疼，寒战的加红糖适量。

方4：锅底灰70克，灶心土150克，大黑豆300克，煎汁适量，大牛一次内服，小牛酌减。适于牛胎伤漏黄水或出血，肚疼不安。

（七）其他产病

方1：红糖100克，鲜豆腐0.5千克，加水适量煮熟，兑黄酒1碗内服，每日1次，连服3~5次。治疗：牛产后瘫痪。

方2：红糖100克，金樱子根1000克，将金樱子根用水煎汁，加红糖喂服。治疗：牛阴道及子宫脱出。

方3：南瓜藤100克，瓜蒌根90克，通草20克，共煎汁适量，大牛一次内服，小牛酌减。治疗：牛乳腺炎。

方4：玉米须1把，煎水，让牛自由饮用。治疗：母牛妊娠浮肿。

方5：棉花根50克，枳壳10克，麦门冬20克，共研细末，水煎 30 分钟，一次内服。治疗：牛子宫脱出。

方 6：蓖麻根 1 千克，生艾 250 克，水煎去渣，冲蜜糖 250 克内服。治疗：牛胎动不安。

方 7：麦芽 60 克，神曲 60 克，研细，加白酒 50 毫升，开水冲调内服。治疗：母牛不发情。

方 8：榆白皮 120 克，麦麸 250 克，煎水内服。或榆白皮 120 克、芥菜籽 100 克，煎水内服。治疗：牛难产。

方 9：猪苦胆及白矾末混合后晒干，涂于宫颈糜烂处，每日 1 次。治疗：牛子宫出血。

三、治疗牛呼吸器官疾病的良法良方

（一）牛口炎

方 1：1% 食盐水或 2% ~3% 的小苏打液，每日数次洗口腔。

方 2：绿豆 100 克，生姜 30 克，大枣 30 枚，加水煎汁内服。

方 3：石膏、旋覆花（金沸草）煅存性各等份，共研细末，香油调服患处，日夜数次。

方 4：碱面适量，撒于患部后再涂一薄层蜂蜜，每日 2 次。

方 5：滑石、石膏各 15 克，冰片 4 克，共研细末，吹入口内。治疗牛口疮。

（二）牛咽炎

方 1：萝卜汁 1.5 升，薄荷 60 克，煎汁 1.5 升，加白糖 100 克、生姜汁 50 毫升，大牛徐徐内服。

方 2：捣碎生冬瓜籽 100 克，茶叶 30 克，胖大海 50 克，共煎汁 2 升，大牛一次内服。

方 3：熟黄瓜 1 个。白矾适量，黄瓜挖去籽，装入白矾，在阴凉处阴干之后，研末备用。每日 1 次，吹入咽头部位。

方 4：猪苦胆 1 个，把生石膏按 5：1 加入苦胆内，待浸泡后，再加入少量冰片，吹入牛咽部。

（三）牛喉炎

方1：白杨树皮 250 克，鲜柳树枝 150 克，萝卜茎叶 500 克，加水 5 升煮沸作蒸气吸入半小时，然后滤汁，大牛一次内服 1.5~2 升，每日早、晚各 1 次。

方2：鲜槐叶 200 克，蒲公英 100 克，生葱 60 克，蜂蜜 100 克，加水煎汁 2 升，大牛一次内服。起解毒消肿作用。

方3：鲜槐树叶、鲜柏树叶、生葱各等份，共捣碎烂，用鸡蛋清调敷患部。适用于红肿热痛。

方4：绿豆粉 30 克，白芥子 30 克（研末）、鸡蛋 7 个（用蛋清）用醋调成糊状，涂于喉头肿胀部一层，2 小时后用薄荷、艾叶等份煎汤洗净，每日早、晚各涂一次。

方5：茶叶 30 克，生冬瓜子（捣烂）100 克，胖大海 50 克，共煎汁 2 升，大牛一次徐徐服用。

方6：白矾 10 份，雄黄 4 份，冰片 3 份，黄柏 15 份，青黛 5 份，硼砂 4 份，共为细末，用小纱布袋药 10 克，放牛口中含漱（用带系于头部固定），吃草时取出，每日换药 1~2 次。治疗：牛咽喉肿痛腐烂。

（四）牛口炎、咽喉炎

方1：人头发适量烧灰，用猪油调成稀糊状，抹于患部，日夜各 1 次。

方2：锅底灰 20 份，加食盐 3 份，共为细末，涂患部。

方3：锅底灰 5 份，冰片 1 份，共为细末，5% 盐水洗口腔后涂布。

方4：取经日晒夜露之西瓜皮，研末各加少许冰片，涂抹患处，每日 1 次，同上药可用蜂蜜调成稀膏涂抹，每日 2 次。

方5：锅底灰 15 克，鸡蛋 1 个，蜂蜜 60 克，胡椒粉 0.3 克，调匀冲开水内服。适用于牛频发咳嗽、喉头炎。治疗：牛咽喉炎。

（五）牛鼻炎

方1：白糖150克，枇杷花35克，丝瓜络60克，辛夷40克，共研为末，开水冲调，大牛一次灌服。

方2：大葱挤汁与冰片等量混合，滴入鼻腔，每日3次，连滴7~8日即愈。适用于牛慢性鼻炎。

方3：大蒜400克捣烂，加生理盐水600毫升、芝麻油250毫升，混合装入干净瓶备用，用时摇匀，每日用药棉蘸此药液涂于鼻孔黏膜上。适用于萎缩性鼻炎。

方4：荞面250克（炒半生半熟），蜂蜜120克，开水冲成稀糊，大牛一次内服。

方5：桑叶250克，加水煮汁800毫升去渣，加蜂蜜120克、生姜100克（切碎），混合调匀，大牛一次内服。

方6：西瓜秧（焙干）或丝瓜秧（用近根者焙干）65克，苍耳子30克，共研细末，开水1.5升冲调，大牛一次内服。

（六）牛咳嗽

方1：冰糖150克，紫苏15克，杏仁60克。先将紫苏、杏仁同煎去渣，然后用开水冲化冰糖，混合内服。治疗：牛风寒咳嗽。

方2：葱根50克，苦苦菜500克，梨200克，共捣碎烂加米汤调匀，大牛一次内服。适于阴虚，肺燥，咳嗽气促。

方3：冬瓜子100克，豆腐500克，白桑葚200克，共捣烂，白米汤适量调匀，大牛一次内服。适于肺热咳嗽气喘日久。

方4：冬瓜籽100克，萝卜籽80克，白芥子40克，共炒研末开水冲调，大牛一次内服。适于气管炎咳喘多痰。

方5：南瓜（去籽切碎）2千克，加水2.5升煮嫩熟，去渣取汁，生姜40克（切碎挤汁），白糖150克，调匀，大牛每日2次内服。连服2周。

方6：南瓜蒂150克，冬瓜藤200克，扁柏叶100克，红枣40个，共煎汁适量，大牛一次内服。

以上2方，治疗慢性喘咳。

方7：芹菜根250克，切碎白萝卜500克，橘子皮45克，共煎汁2升，大牛一次内服。适于气管炎干咳微喘。

方8：韭菜根250克煎汁1.5升，加葶苈子35克冲调，加白糖150克、鸡蛋6个（用蛋清），大牛一次内服。适用于治疗咳喘日久体虚。

方9：白萝卜1500克，蜂蜜250克，桑白皮250克，水煎服。

方10：葱白60克，杏仁30克，核桃仁50克，水煎内服，每日1次。

方11：石膏60克研末，麻黄60克，锦花根75克，加水煎汁1000毫升。一次内服。治疗：牛恶寒发热、咳嗽发喘。

方12：石膏200克，竹叶50克，麻黄25克，甘草50克，水煎去渣候凉，加世硝120克溶化。大牛一次内服。

方13：桑根皮、枸杞根皮、瓜蒌根各100克，蒲公英200克，共研细末，开水2升冲调，大牛一次内服。

以上2方，治疗牛咳喘发热。

（七）肺炎

方1：韭菜根100克，煎汤去渣，加葶苈子末50克、鸡蛋5个，一次内服。

方2：大蒜100克，皂角刺45克，地丁50克（鲜的100克），共同捣烂，开水冲调，加蜂蜜100克，大牛一次内服。

方3：芹菜500克，鲜柳树叶200克，麻黄50克，共煎汁1.5升，加猪苦胆100毫升调匀，大牛一次内服。适于喘咳发烧、恶寒体痛腰直。

以上 2 方，治疗小叶性肺炎。

方 4：石膏 150～200 克，桑白皮、杏仁、麦冬、浙贝母、南沙参、知母、黄芩各 45～60 克，麻黄、枇杷叶、瓜蒌各 30～45 克，甘草 20～30 克，水煮汁内服。

方 5：白矾 60 克，黄芩 45 克，葶苈子、浙贝母各 30 克，大黄、郁金各 25 克，甘草、白芷、黄连各 20 克，水煎内服。

方 6：荞麦根 200～300 克，煎水内服。

方 7：玉米须 30 克剪碎，瓜蒌、芝麻各 100 克，生姜 45 克，捣烂研碎。开水冲成稀糊，大牛一次内服。适于肺虚久咳、痰喘胸闷。

方 8：棉花根 250～300 克、白蜡树皮（秦皮）45～50 克，水煎两次混合汁 1.5 升，大牛一次内服。

以上 3 方，治疗牛支气管肺炎。

方 9：金荞麦根 250～300 克，水煎内服。

（八）牛肺气肿

方 1：萝卜 1000 克，艾蒿叶 65 克（鲜品加倍）、皂角刺 40 克，共煎汁 2 升，萝卜捣烂调入，大牛一次内服。

适用于治疗肺寒久喘，大便不利者。

方 2：生姜 50 克，大蒜 80 克，共捣如泥，开水 2 升冲调，加酥油 150 毫升，大牛每日一次内服。

方 3：小米 50 克（炒焦），蜂蜜 120 克，煎汁一次内服，连服 5 日以上。

方 4：棉花根（晒干）65 克，干姜 30 克，胡桃仁 200 克，共研末，另加大枣 50 个煎汤 2 升调药，大牛一次内服。

方 5：用罂粟壳 30 克，棉花根 100 克，橘子皮 40 克，甘草 35 克，煎汁 2 升，大牛一次内服。

方 6：猪苦胆汁 100 毫升，健康畜胎衣（阳干研末）100 克、皂角 30 克（研末），混合加开水适量冲调，大牛一次内服。

方 7：白矾、黄连各 20~30 克，郁金、浙贝母、黄芩、白芷、葶苈子各 30~45 克，大黄 60~90 克，甘草 15 克，共研细末，开水冲调，加蜂蜜 150 克，猪油 150 克，同调内服。

方 8：头发烧炭、黄柏粉、黄芩粉各 120 克，枯矾、白矾各 60 克，共为细末，开水冲调后，加蜂蜜 200 克，鸡蛋 6 个（用蛋清），大牛一次内服。

方 9：霜桑叶 150 克，生姜 50 克，杏仁 40 克，共煎汁 2 升，加黑芝麻（炒后捣碎）100 克，柿饼 10 个（捣烂）调匀，大牛一次内服。

（九）牛感冒

方 1：白菜根 250 克，生葱 50 克，苏叶 30 克。加水煎汁 150 毫升，大牛一次内服。

方 2：白菜根、萝卜各 500 克，葱白 170 克，共煎汁 200~300 毫升，大牛一次内服。

方 3：大葱白 700 克，淡豆豉 200 克，生姜（或白芷）25 克，加水 1500 毫升，大牛一次内服。

方 4：葱根、侧柏叶、蒜瓣子各 100 克，苍耳子 80 克，白矾 50 克，共煎汁 3 升，给牛冲洗鼻孔，每次适量，每日数次。

方 5：生姜（切片）100~200 克，红糖（炒焦）100~200 克，加水 2.5 升，煮沸 10 分钟去渣，一次内服。

方 6：生石膏 35 克，白糖 40 克，绿豆 50 克，煎汁适量汁 1000 毫升，一次内服。

方 7：滑石 60 克，甘草 15 克，薄荷 30 克，研末，开水冲调，大牛一次内服。

方 8：霜桑叶 80 克，西河柳（怪柳）60 克，生姜 20 克，水煎 800 毫升，大牛一次内服。

方 9：白杨树皮 200 克，薄荷 25 克，大枣叶 45 克，荆芥 30

克，煎汁 1.5～2.0 升，大牛每日 2 次内服。

方 10：绿豆 100 克、麻黄 50 克，加水煎汁 1 升，大牛一次内服，服后避风时耳根微汗。

方 11：用干烟杆 1 把，点燃后放在病牛鼻下 30 厘米处，直熏至打喷嚏、流眼泪为止，1～2 次即愈。

（十）牛鼻出血

方 1：鲜韭菜适量，捣烂塞入鼻腔。同时灌服韭菜汁适量。

方 2：糯稻根 150 克，石榴皮 120 克（干的 50～60 克），黑豆 200 克，煎汁 2 升，大牛一次内服。

方 3：鲜绿豆芽 200 克，鲜鸡冠花 100 克（干品 35～50 克），共同捣烂加墨汁 100 毫升，鸡蛋 10 个（用蛋清）调匀，大牛一次内服。

方 4：玉米须 80～120 克，鲜车前草 100～150 克，共同捣烂，加砂糖 150 克，用开水 2 升冲调，大牛一次内服。

方 5：鸡蛋 10 个（用蛋清），鲜艾叶 200 克，（干品用 80～100 克），鲜苦苦菜 50 克，血余炭 30 克，共同捣烂，加入蛋清调匀，大牛一次内服。

方 6：生石膏 300 克，槐角 150～260 克，水蓟 65 克，共煎汁 2 升，加 10 个鸡蛋调匀，大牛一次内服。

方 7：白矾、锅底灰各等份，研为细末，吹入出血的鼻孔。

方 8：鲜柏树叶 150～200 克（干的用 50～60 克），鲜蘑菇 100～150 克（干的用 50 克），鲜榆树皮 250～500 克（干的用 150～200 克），水煎 2 次得混合汁 2 升，加醋 250 毫升，调匀，大牛一次内服。

方 9：锅底灰 100～150 克，血余炭 30～40 克，共研细末，用榆树皮 500 克煎汁 1.5～2.0 升冲调，大牛一次内服。

（十一）牛气管炎

方 1：鸡蛋 5 个（用蛋清），白及末 30 克，炒萝卜籽 120

克，共为细末，开水冲调，每日1次，连用3天。治疗：牛急性支气管炎。

方2：熟猪油150克，大蒜泥50克，蜂蜜100克，白矾（研末）20克，加温水适量调匀。大牛一次内服。治疗：牛慢性支气管炎。

方3：猪苦胆100毫升，白矾65克（研末）、酸菜水2500毫升调匀，一次内服。治疗：牛肝肺温热。

方4：白皮松塔150~200克，三颗针（大叶小檗、刺黄连）皮100~150克（干品30克），共水煎2次得混合液2升，大牛一次内服。

方5：鸡蛋5个（用蛋清），白及末30克，炒萝卜籽120克，共为细末，开水冲调，每日一次，连用3天。

以上2方，治疗牛支气管炎。

四、治疗牛传染病的良法良方

（一）牛流行性感冒

方1：牛流行性感冒病发生后，应及时对病牛进行食醋熏蒸消毒。其方法是：每立方米空间用食醋10毫升，加水1倍稀释，置于容器中加热，以其蒸气进行熏蒸消毒，熏时紧闭门窗，熏完后也不必打开门窗，牛得了流感可以治疗，没得流感可以预防。

方2：食醋500克，大蒜120克捣碎，盐15克，温水冲调，罐服。

方3：大葱250克，姜100克，白萝卜1000克，水煎加盐少许，一次内服。

方4：大葱8棵，黑豆90克，生姜30克，水煎汁，大牛一次罐服。

方5：白菜根10个，切碎，水煎，加红糖120克，一次内服。

方6：葱白70克，苏叶100克，大蒜70克，姜皮25克，水煎内服。

方7：绿豆500克，鲜白茅根2500克，加水50升煎汁，大牛2次饮完。

方8：：绿豆500克，金银花120克，水煎汁，大牛一次内服。

方9：生姜60~120克，甘草120克，共为细末，加水1升，醋0.5升。大牛一次灌服。

方10：生姜120克，紫苏100克，葱白7棵，茶叶30克，将上药加水4升，煎沸取液3升，候温牛1次灌服，每日1剂，连服2天。

方11：紫皮蒜6头，去皮捣成蒜泥，鲜姜75克，捣成姜泥，混合后用开水冲调，大牛一次罐服。

方12：大蒜8头捣烂，用白酒120毫升调和，加温水2.5升，大牛一次灌服。

方13：苏子叶120克，葱白、大蒜各60克，姜片25克，水煎汁，大牛一次灌服。

方14：大葱250克，白矾30克，捣烂混合，温水调匀，大牛一次罐服。泌乳期禁用。

方15：瓜蒌2个，捣烂煎汁，大牛一次灌服。

方16：谷子100~200克，浮萍80~150克，青蒿100~200克，共为细末，开水冲调，罐服。治疗各种家畜流感。

方17：5~8个鸡蛋清，加入白矾35克，用水调匀，大牛一次内服。

方18：苦楝叶、春芽叶、紫茉莉各1千克，生盐90克，将上药捣烂擦患牛全身，牛在温室里使其发汗，然后服下方：天门冬、芦苇根、相思根、灯芯草、崩大碗、酢浆草各250克，加水煎汁，取汁内服。

（二）牛破伤风

方1：拇指粗细槐树枝1千克，剪成3.3厘米左右长短，水煎去渣，再放入黄酒500~700毫升，大牛一次内服，隔日1剂，连服2~3剂。

方2：蟾蜍4.7克，全蝎4.7克（酒炒），天麻52.7克。共为末，鲜姜16克，大葱白5棵共捣烂，加酒62毫升混合，开水冲调，候温，大牛一次灌服。

方3：斑蝥7个去头，放入倒净蛋清只有蛋黄的鸡蛋里封口，摇动蛋使斑蝥粘上蛋黄，在火上焙干研末，大牛隔日加水灌服1剂，连服3~5剂。

方4：取土蜂窝65克加水1大碗，煎至半碗去渣罐服。如果牙关紧闭，剂量加倍，大牛1次灌服。

方5：威灵仙90克，大蒜（独头蒜更好）250克，菜油60克，共捣烂，热酒冲服，牛每日1剂，3~6剂为一疗程。

方6：雄黄、川乌各30克，压面，每次30克，以黄酒120毫升为引，大牛1次冲服，服药后发汗。

方7：大蒜30克捣烂，加食醋250毫升，调匀内服。

五、治疗牛寄生虫病的良法良方

（一）牛肝片吸虫病

方1：红糖90克化水内服，1小时后再内服20%石灰澄清液1升。

方2：白糖500~1000克，加温水溶化后内服。服药前禁食1天，1周后病牛康复。

方3：贯众150克，煎汁适量，牛一次灌服。

方4：槟榔10~70克，龙胆草20~40克，共研末，温水冲调，牛一次灌服。

方 5：槟榔、贯众，均干燥粉碎，等量混合备用。体重 200 千克以上的牛服 60 克；体重 100～200 千克的牛服 45 克；体重 200 千克以下的牛服 30 克。空腹时用凉开水冲服，连用 3 日为一疗程。

方 6：贯众 9～35 克，硫黄 10～30 克，水煎去渣，用米酒 250 毫升给牛 1 次冲服，连用 2 日，每日 1 剂。

（二）牛疥癣

方 1：芥菜 500 克，红糖 100 克，共捣烂如泥状，放火上烤热，趁热将药擦患处。

方 2：棉籽油 300 毫升，锅底灰 100 克，调成糊状，涂擦患处，每日一次，连涂 3～5 次即愈。

方 3：花生油 70 毫升，红辣椒粉 4 克，炸成红色辣椒油，涂擦患处。

方 4：取烟叶 1 千克、加 5 千克温水浸泡 48 小时，用纱布过滤出汁液，然后用温水擦洗患处，除去痂皮，再用干净毛刷蘸烟叶水反复刷洗患处，每日 1 次，3 次即愈。

方 5：鲜韭菜 300～500 克，洗净晾干水气后捣碎，绞汁涂擦患部。

方 6：豆油 500 毫升，溶入食盐 50 克，外涂疥癣处。

方 7：鲜松针微火焙干，研为细末。用菜油调拌成黏液状，分区分片擦患部。

方 8：烟叶 250 克，加入 2 升水中浸泡 24 小时弃渣，加入雄黄 60 克混合均匀，涂擦患处，每日 1 次，连用 3～4 次。

方 9：生石灰 2 份，清水 5 份拌匀，10 分钟后取上清液加入鲜青蒿 1 份，反复揉搓，使石灰水变为淡绿色后，取此青蒿渣石灰水一起涂擦患部。隔天用药 1 次，轻者用 1～2 次，重者连用 5 次。

方 10：棉籽油 300 毫升，百草霜 100 克，调成糊状，涂擦患部，每日 1 次，连用 3 ~ 5 次。

方 11：将牛胎衣切成小块，置于瓦上用文火焙成黄色，研成细末，以适量植物油调成稀糊状，涂敷患部，每日 1 次，连涂 3 ~ 5 次。治疗牛犊疥癣。

方 12：硫黄 70 克，石灰 150 克，花椒 250 克。煎汁洗患部。

方 13：狼毒、白矾各 50 克，花椒 70 克，共研细末，棉籽油调涂患部。

方 14：南瓜秧末 6 份、棉籽油 25 份，调匀涂擦患部，每日 1 次。

方 15：废机油涂患部，每日 1 次。

方 16：苦参 4 份、花椒 1 份，加水煎汁洗患部，每次洗 2 ~ 3 遍，隔 7 日洗 1 次。

方 17：辣椒 500 克，烟叶 1500 克，胡椒 70 克，共研末，豆油 500 克煮开稍凉，加入上述粉末 50 克，再加热 15 分钟，待温擦患处。

方 18：南瓜秧灰 120 克，棉籽油 500 毫升，混合涂敷。

方 19：硫黄、新鲜石灰面各等份，研末。菜油适量调膏涂患部。

方 20：石灰面 2 份、硫黄 3 份、水 50 份，煮 2 ~ 3 小时，用此药液擦患部，7 天擦 1 次。防治牛舔。

（三）牛虱病

方 1：用红辣椒煎水，洗牛身或用烟茎水洗牛身（一定要晴天进行），一片一片地洗，将一片干后再洗另一片。洗后，在太阳下晒一会，可除掉牛虱。

方 2：烟叶或烟骨适量浸入人尿或牛尿，1 天后取出擦患处，2 ~ 3 次即可杀灭牛虱。

方 3：烟丝 250 克，白酒 500 毫升，两种混合浸泡 4 小时后，除去烟丝，用药酒涂擦患部，也可除去牛虱。

方 4：浓盐水涂擦有虫部位。

方 5：烟叶 160 克，麻油 500 克，共炖热擦。

方 6：百部 60 克，侵入 1 升烧酒中 24 小时后，滤出百部渣，用虑液涂擦患部。

方 7：鲜核桃叶捣成糊状，擦有虱部位。

方 8：烟叶 1 份、水 10 份，煮成汁，温擦有虱处，每日 1 次。

方 9：食盐 50 克，溶于 100 毫升温水中，再加煤油 500 毫升，震荡均匀，涂擦体表。

方 10：百部 200 克，加水 1 升，煮沸 30 分钟，凉后涂擦。

（四）牛绦虫病

方 1：南瓜子 75 克，槟榔 125 克，白矾 25 克，鹤虱 25 克，川椒 25 克，水煎内服。

方 2：南瓜子（炒黄）400 克，槟榔粉末 50 克，牛空腹 12 小时后内服南瓜籽粉，经 1 小时后，再服槟榔末，1 小时后再服泻剂。

（五）牛眼虫病

方 1：干烟叶 100 克，60℃温水 500 毫升，放在缸中，浸泡 12 小时，用 4 层纱布过滤，以橡皮球吸汁冲洗双眼，每日 1 次，4 次即愈。

方 2：取烟叶 10 克，清水 100 克，煎汁洗牛眼，3 日 1 次，3~5 次即可痊愈。治疗：牛深处眼虫病。

方 3：把旱烟杆里的黑色膏油取出，按 1∶3 的比例加清水稀释后，滴入牛眼即可。

方 4：苦楝树皮、鲜百部各 50 克，加水浓煎，滤取清药液滴患眼。

（六）牛蛔虫病

方 1：苦楝树二层皮 150 克，将药水煎后分 2 次内服。治疗：

小牛蛔虫病。

方2：马齿菜250克，加水500毫升，煎至200毫升，加食盐少许，候温给牛犊灌服。

方3：黑芝麻200克，研碎生用，用冷开水750毫升，给牛犊1次灌服。

方4：石榴树皮50克，白杨树皮40克，贯众20~80克。上药研末，加温水1升，给牛犊1次灌服。

（七）牛其他寄生虫病

方1：取鲜烟叶，揉成团状，塞入牛肛门内，可杀死牛肚中的蛲虫。治疗：牛肚中的蛲虫。

方2：石榴皮60克（焙干），乌梅60克（烧炭），共研为细末，用小米汤适量调药，大牛一次内服。治疗：牛下痢有寄生虫。

方3：桃树叶500克，石灰60克，共捣烂，贴敷阴户有虫自出。治疗：母牛阴道寄生虫。

方4：鲜柳树叶500克，鲜鸭跖草400克，花椒20克，乌掐树叶50克，奶浆草50克，煎汁内服。治疗：牛血吸虫病。

方5：苦楝树叶或土荆芥叶适量，将上药捣烂涂患处。

方6：桃树叶适量，加水煎后洗患部，每天2次，连洗数日。以上2方，治疗牛蜱虱虫病。

方7：生石灰50克，熟烟100克，加水调成糊状，塞进患部。治疗：牛皮蝇蛆病。

方8：食盐适量用温水溶化后喷患眼，每日早晚各一次，连用3-5日，也可用旱烟袋水喷患眼，每日1次。治疗：眼虫病。

六、治疗牛泌尿器官疾病的良法良方

（一）牛尿闭

方1：茶叶50克，石苇60克，杨树根须200克，煎汁适量，大牛一次内服。

方2：细茶叶200克加水1500毫升，水煎取汁，冲白糖200克内服。

方3：炒萝卜籽70克，车前子80克，葱120克炒盐30克，共研末，开水适量冲调，大牛一次内服。

方4：芹菜籽125克，研末，煎汁适量，大牛一次内服。

方5：芥菜500克，金钱草175克，鸡内金100克，共煎汁适量，大牛一次内服。

方6：葱120克，炒萝卜籽70克，车前草80克，炒盐30克，共研末，开水冲调，大牛一次内服。适于膀胱气闭尿结。

方7：大葱50克，大麦秸250克，煎汁适量，大牛一次内服，每日1~2剂。适于下焦湿热尿结。

方8：大葱3根，车前子150克，煎汁，大牛一次内服。

方9：绿豆750克，赤小豆500克，花椒75克，共煎汁适量，每日一次内服。适用于膀胱痉挛尿闭。

方10：向日葵根120克，甘草梢50克，食盐20克煎汁。大牛一次内服。每日2剂。适用膀胱痉挛及炎肿闭尿。

（二）牛血尿症

方1：鲜芹菜2000克，切碎捣烂，开水冲调，大牛一次内服。

方2：野芹菜250克，车前草和小蓟各10棵，加水煮汁后，大牛食用，每日数次。

方3：韭菜籽50克，地肤子100克，共研细末，开水适量，大牛一次内服，小牛酌减。

方4：玉米须50克，加水煎20分钟取出药液，加红糖200克，大牛一次内服。

方5：玉米芯外层毛片或扬玉米时飞出的毛片30克，炒黄研末，大牛一次内服。每日2剂，小牛每剂10克。

方 6：猪胆汁 125 毫升，竹叶 95 克，灯芯 25 克，两药研末，加入猪苦胆。大牛一次内服。治疗：牛血尿（尿涩疼发烧）。

方 7：鲜椿树根 500 克，鲜柳树根 750 克，共煎汁 1000 毫升，大牛一次内服。

方 8：椿树籽 150 克，石苇 45 克，鸡内金 50 克，共煎汁，大牛一次内服。

方 9：柳树叶 200 克，马铃薯 250 克，丝瓜络 370 克，共煎汁适量，大牛一次内服。

方 10：嫩柳树枝 120 克，水煎汁加白糖内服。日服 3 次。

（三）牛尿结石

方 1：芒硝 120 克，鸡内金 100 克，萝卜 750 克，共煎汁适量。大牛一次内服。适用于炎症所致排尿不畅。

方 2：滑石 45 克，木通 15 克，续随子 75 克，桂心 100 克，厚朴 5 克，豆蔻 10 克，白术 90 克，黄芩 90 克，黑丑 30 克，共研细末，分 4 份，早晚各 1 次，温水调后内服。

方 3：滑石 45 克，猪苓 40 克，车前草 55 克，生地 35 克，麦冬、牵牛、黄柏、石膏、泽泻、枳实、木通、青皮各 50 克，浴竹叶 45 克，煎水内服。治疗：牛砂石淋症。

（四）牛膀胱炎

方 1：绿豆 250 克，大麻仁 500 克，水煎 2 次，得混合液 1.5 升，大牛一次内服。适用于尿涩疼、水肿引起牛膀胱炎。

方 2：向日葵秆芯 80 克，垂柳叶或嫩枝条 260 克，车前草、扁蓄各 240 克，共煎汁 1 升，大牛一次内服。适于尿涩浊、滴沥不畅引起牛膀胱炎。

方 3：滑石 80 克，泽泻 50 克，灯芯草 40 克，茵陈 50 克，黄柏 50 克，知母 40 克，猪苓 50 克，葱头 8 个，水煎内服，每日 1 剂。

方4：野芹菜80克，梓实（臭梧桐果实）80克，车前子120克，共研细末，开水适量冲调，大牛一次内服。

七、治疗牛外科疾病的良法良方

（一）牛结膜炎

方1：鲜嫩石榴叶30克，加水500毫升，煎汁250毫升，去渣过滤后洗眼，每日2~3次。

方2：嫩柏树叶10份、白矾1份，煎汁适量过滤后洗眼，每次2分钟，每日3次。

方3：鲜柏树叶15份，捣烂后加白蜂蜜5份，冰片末1份，再研和均匀，每次取适量摊净纱布上敷患眼。每日3次。适用于结膜炎，肿痛日久。

方4：柏树枝、明矾各适量。熬水，纱布过滤，凉后洗眼。适用于传染性结膜炎。

方5：鲜桑叶适量，冷开水洗净后捣烂，用消过毒温乳汁浸泡半小时，用此桑叶敷患眼，每次20分钟，每日3~5次。适用于结膜炎红肿疼痛。

方6：冷盐水或硼砂水冲洗眼结膜，每日2次。

方7：从老黄瓜一端开口去瓤，填满芒硝，端口盖好，悬阴凉通风处，芒硝透瓜外结成霜。刮取备用。每次少许点眼。

方8：用注射器取牛、羊或猪的苦胆适量，与等量的蒸馏水混匀。治疗：牛溃疡性结膜炎。

（二）牛创伤

方1：红糖150克，番薯鲜叶500克，将药捣烂敷于患处。

方2：红糖、油桐子各适量，将药捣烂敷于患处，外加包扎至痊愈。

以上2方，治疗牛异物刺伤。

方3：大蒜蜂蜜膏：将大蒜捣烂成糊状，加蜂蜜按比例（大蒜1份、蜂蜜4份）调成软膏状，放入创口内，创面用纱布包扎，隔2~3天换药1次，一般1~3次即愈。

方4：辣椒末、盐末各适量混匀，牛的创腔每日用消毒水洗后撒布1次。

方5：枯矾2份、蒲公英3份、大黄4份，共同炒干研末，贴敷创口。

方6：锅底灰、莲颂（焙干研末）各等份，研混掺匀，或锅底灰10份、冰片1份，共研细末，涂患处。

方7：猪苦胆数个，装入适量石灰与胆汁混合，阴干后研末。撒布创面或瘘管，每日2~3次。治疗：牛创伤化脓或形成瘘管。

（三）脓肿

方1：茄叶10份、白及7份、嫩蓖麻叶15份，共同焙干研末，撒布创口；或鸡蛋清调敷患部，每日换药1次。适于化脓肿痛发烧。

方2：大蒜捣烂，取汁10毫升，加入生理盐水90毫升、普鲁卡因0.5克，混匀后，以纱布条蘸药汁滴入患处。治疗：牛脓疮。

方3：白矾5份、雄黄3份、诃子（焙干）2份、蟾酥1份，共研细末，醋调成膏，敷于患部，留出排脓孔，每日换药1~2次，换药时用花椒适量煎汁洗净脓污。

方4：鲜垂柳叶2份、大蒜1份、南瓜蒂（焙干研末）3份，共同捣烂，用熟猪油调膏涂患部，留出排液孔，每天换药1~2次，涂药前先用花椒适量煎汁洗胀污。

以上2方，治疗脓肿已溃、局部热痒。

方5：鲜柏树叶、大黄末、芒硝等量，共同捣烂，加鸡蛋清适量调膏贴患部，每日1~2次。适用于硬疼尚未成脓。

方6：松树、柏树叶各适量，烧存性研末，蜂蜜调敷患部。治疗：牛乳痈溃烂。

（四）牛水肿病

方1：老干茄子500克，茯苓、泽泻、蒲黄、白术各25～30克水煎，酒为引一次内服。

方2：茄子晒干研粉，开水冲，一次内服，每日3次，效果甚佳。

方3：冬瓜皮250克，益母草150克，甘草100克，共捣碎，开水冲调，大牛每日1剂。

方4：高粱根100克，半边莲150克，旱莲草75克，甘草120克，共研细末开水冲调。大牛每日1剂内服。

方5：玉米须250克，大枣100克，煎汁，大牛每日1剂。

方6：大麦芽150克，煎浓汁去渣，大牛一次内服。

方7：榆白皮（晒干）80～100克，白米300克，共研细末，开水冲调，大牛一次内服。并用火硝2份，花椒3份，共研细末，加绿豆粉8份、醋适量调糊涂肿部。适用于水肿局部增温、疼痛或痒。

方8：鲜松针5份、鲜薄荷2份、共捣为泥，加盐1份、净黄土3份，水调匀敷肿处，每日1换。治疗：牛腹下水肿心悸气喘。

方9：鲜柏树叶5份、赤小豆3份、鲜柳树根皮7份，共捣如泥敷肿处，每日1次。适用于水肿疼痛增温或发痒。

方10：刚风化为末的鲜石灰过筛装瓶密封。视肿块大小取等份石灰和食盐，加常水调成糊状涂满患处。每日2次，现调现用。

方11：生石膏、桐油各等份，共混匀成糊状，外敷患处，每日1次，连用2～4次。

方12：白矾、雄黄各等份，共研末，用菜油调擦患部，每日 1 次，连续 3 ~ 5 日。

（五）牛皮肤病

1. 牛湿疹

方 1：荞麦面适量、硫黄少许，用新打井水调匀敷患处。

方 2：锅底灰、陈石灰、花椒子各等量。共研细末，用棉花油调匀涂擦患部。

方 3：石膏 3 份、硫黄 2 份、青黛 1 份，共研细末。用猪油适量调膏，涂患处。

方 4：枯矾 3 份，黄柏、滑石各 1 份，研成极细末，过筛撒布患部。

方 5：新鲜石灰 1 份、水 10 份，溶解搅拌取澄清液洗患部，洗后用土豆捣烂敷患处，每日早晚各 1 次。适用于牛湿疹未破。

方 6：桃叶 500 克，醋 500 毫升，先捣烂加醋煮，候温涂患处。

方 7：鲜嫩松塔捣烂挤汁涂患处，每日 3 次。适用于牛慢性湿疹。

2. 牛荨麻疹

枣树皮 200 克，防风 50 克，炒麦芽 150 克，研末开水冲调，再用食盐水洗患部，每日内服外洗早晚各 1 次。适用于日久不愈治疗。

3. 牛皮肤脱毛症

辣椒研末，用白酒配成 5% 溶液，浸泡 3 天后涂擦脱毛皮肤，使之充血为止。

（六）牛脱肛

方 1：茄秆 100 ~ 250 克，白矾少许，煎水洗涤患处，洗后整复。治疗：牛肛门、阴门脱出。

方 2：柳树根 250 克，红糖 200 克，煎汁，大牛一次内服。

另用苍耳草 10 份，榆树皮 5 份，花椒 1 份，煎汁洗患部，白矾 3 份、五倍子 2 份，研末撒布患处，进行整复，热醋纱布暖托 1 小时。

方 3：石榴树皮 10 份、防风 7 份、白矾 5 份、花椒 1 份，用水煎开煮沸，候温用以洗净脱出部分，缓缓送回，如有黏膜肿胀送回困难时，用消过毒的小宽针点刺黏膜，流出脓液使其体积变小后送回，同时用两块浸有药液的纱布，交替托住肛门，直到不脱出为止。适用于尚未感染或感染轻微。

方 4：黑芝麻 200 克，糯米 500 克，猪大肠 1 个，将上药加水煎至粥状内服，连服 2 次。

以上 3 方治疗：牛脱肠。

（七）牛蹄病

方 1：人发烧为炭灰 10 克，松香 30 克，黄蜡 45 克，将上药研末，黄蜡熔后调匀成膏。修蹄甲后，将膏涂于蹄心、蹄壁，用烙铁轻烙，数日后换药，再如此处理 1 次即愈。

方 2：柳树叶、槐树叶、松树叶、柏树叶各适量，水煎汁加醋适量。初期冷浴患蹄，后期温浴，每日 2～3 次，每次 20～30 分钟。

以上 2 方，治疗牛蹄叶炎。

方 3：香油 30 毫升烧沸，加血余炭 60 克，黄蜡 30 克，即刻停火，侍二药全部溶化，趁热灌入患部，包扎蹄绷带。

方 4：豆油烧开涂抹患处，再用枯矾、雄黄、血竭各等量研末撒布包扎。3～5 天换药一次。

方 5：菜油 40 份，羊油 10 份，黄蜡 15 份，加热煮沸后再加花椒末、没药末各 2 份，离火调匀，趁热注入腐蹄洞内，冷凝包扎，每 5 天换药 1 次。

方 6：猪板油 200 克熬后去渣，生姜 100 克，胡桃仁烧灰 75 克、甘石末 50 克，混合熬成膏，涂封患部。治疗：牛蹄叉腐烂。

方7：松、柏叶煎汁洗净患处后，用锅底灰3份，黄柏2份，硼砂1份，共研细末撒布患处，每日1次。治疗：牛蹄叉腐烂。

以上5方，治疗牛蹄叉腐烂。

方8：豆油100克，明矾1~2克，将豆油烧开，加入明矾，趁热用棉球蘸吸，由裂口下端开始滴涂，滴满为止，开始每天1次，3天后隔天1次，直至愈合。治疗：牛蹄裂。

方9：鸡蛋1个，韭菜1把，共同捣烂，锅内炒熟，加出外敷。

方10：煅石膏35克，冰片1克，轻粉10克，共研末填塞，黄蜡封闭，再装钉蹄铁，1次即愈。

以上2方治疗：牛腐蹄病。

（八）牛风湿病

方1：柳树芽（晒干研细）100克，嫩桑枝200克，防风15克，共煎适量，大牛一次喂服。

方2：椿树枝、柳树枝、桑树枝、榆树枝各适量，煎汤温洗患处。适用于疼痛日久不愈、各肢轮流跛行。

方3：红辣椒5份，胡椒1份，加水煎浓汁，温洗患部，每日1~2次。治疗：慢性风湿、疼有定处、遇寒即疼。

（九）牛蜂窝织炎

方1：桃树嫩叶，鲜马齿苋适量，共同捣烂，敷于患处。适用于肿痛热硬。

方2：鲜柏树叶适量煎汁，洗净脓污，再用蛇蜕（焙干研末）3份、锅底灰1份，菜油调涂患部。

方3：小麦、赤小豆各等量，焙干研末，醋调成糊状涂患处，干时更换，如患红肿热明显则用鸡蛋清、蜂蜜各适量调敷，治愈为度。

（十）牛瘘管病

方1：桃树皮（砸碎）8份、大黄（研细）3份混合后加开水 10 份，调匀，每日擦患处 2 次，连用 2 日。

方 2：松针 4 份、苏叶 3 份、蒺藜 6 份，煎汁冲洗瘘管，再用红粉 9 份、轻粉 6 份、朱砂 3 份、冰片 1 份、枯矾 8 份，共研细末，用湿纱布蘸药末适量填入瘘管，每日换药 1 次。治疗：牛厚壁瘘管。

方 3：大枣 1 个。去核后塞入砒石适量，放火炭煨成焦黑色，取出研细，用少许做成药捻，塞入瘘管内。

八、治疗牛神经性疾病的良法良方

（一）牛中暑

方 1：茶叶 100 克，西瓜皮 500 克，水煎，一次内服。

方 2：井水 1 壶加白糖或食盐 90～120 克内服。

方 3：用食醋 500 毫升，白糖 250 克，用井水调匀内服。

方 4：食醋 400 克，绿豆粉 500 克，猪苦胆 1 个，同井水混合，一次内服。

方 5：食醋 250～500 毫升，加水适量，牛一次内服。

方 6：白糖 250 克，西瓜汁 3000 毫升，鸡蛋 10 枚，调匀一次灌服。

方 7：白糖 250 克，生豆浆 1000 克，混合一次内服。隔 1～2 小时再服 1 次。或用生绿豆 1000 克捣碎成浆，一次内服。

方 8：冬瓜（连皮切碎）1000 克，鸭梨（去核切碎）500克，萝卜（去叶切碎）1000 克，共捣细烂，加鸡蛋 10 个、食盐 10 克，大牛一次内服。

方 9：生姜 50 克，韭菜 150 克，共捣烂挤汁，每隔半小时滴入鼻孔数滴，同时再用薄荷 50 克，绿豆 500 克，萝卜 1000 克，煎汤一盆，每 1～2 小时内服。

方 10：萝卜（去叶切碎）1000 克，鸭梨（去核切碎）1500

克，共捣烂细，加鸡蛋 10 个，食盐 10 克，牛 1 日分 3 次内服。

方 11：生豆浆 2.5 升，白糖 250 克调匀，大牛一次内服，每日 2～3 次。

方 12：牛绿豆 200～600 克磨成浆，加白糖 200～400 克，大牛一次内服，隔 1～2 小时再用一次。

方 13：鸡蛋 10 个（用蛋清），栀子 45 克，连翘 50 克，浮小麦 150 克，远志 40 克，煎汁候冷，加入蛋清，每日 1 次内服。

方 14：鲜人尿 300～500 毫升，冲鸡蛋 3～5 个，牛一次内服。

方 15：西瓜 10～15 千克（去皮籽）捣烂加蜂蜜 240 克，一次内服。

方 16：樟树根 100 克，三叉苦根 250 克，秤星木根 200 克，山芝麻 300 克，布渣叶 250 克，水煎内服。

（二）牛脑炎、癫痫

方 1：萝卜 1500 克，夏枯草 120 克，紫苏 70 克，紫背浮萍 50 克，甘草 100 克，青黛 25 克，共煎汁适量，牛每日分 3 次内服。治疗：牛脑膜脑炎。

方 2：石膏 100 克、朱砂 30 克，共研细末，开水冲调，一次内服。治疗：牛兴奋型脑炎。

方 3：带卵壳 60 克，白矾 16 克，研为末，开水冲调，加蜂蜜 200 克为引，大牛一次内服。治疗：牛癫痫。

九、治疗牛新陈代谢病的良法良方

（一）牛骨软症

方 1：鸡蛋壳 100 克，田螺 150 克，食盐 5 克，共捣碎烂，加醋 250 毫升、水 500 毫升，煎开半小时，大牛一次内服。隔日 1 剂，20 剂为一疗程。

方2：猪腿骨（焙黄）65克，螃蟹70克，五加皮35克，甘草20克，共研细末，开水冲调，牛一次内服。

方3：菠菜200克，鲜牡蛎肉150克，酵母30克，胡萝卜250克，共捣烂，开水冲调，大牛一次内服。隔日1次，30日为一疗程。

方4：嫩酸枣枝条若干，切碎捣烂，喂量不限。

（二）牛异食癖

方1：芒硝、滑石、榆树皮各250克，共为末，开水冲药加黄250克，大牛一次内服。

方2：灶心土60克，硫酸镁25克，龙骨50克，鸡蛋3个，葱白30克，共捣碎烂，混入饲料中吃下，隔日1剂，15日为一疗程。牛犊异食癖和幼牛抽搐，粪干结时加蜂蜜适量。治疗：牛犊异食癖和幼牛抽搐。

方3：红土4份、生石膏5份、麸皮10份、食盐1份、焦槟榔2份、麦芽7份，共研细末，大牛每次100～150克，混料中饲服。治疗：牛虫积异食癖。

方4：草木灰35克，芒硝150克，灶心土100克，研末，开水冲调，加鸡蛋7个，大牛一次内服。治疗：牛异食啃墙癖。

（三）牛瘦弱病

方1：童便300毫升，黑豆面（炒香）300克，淘米水适量冲调，大牛一次内服，中小牛酌减。治疗：牛瘦弱、易出汗。

方2：鲜猪骨头200克，砖茶70克，小米100克，食盐30克，共研细末，开水冲调，大牛一次内服。

方3：白萝卜500克切碎，小米300克，猪油150克，蜂蜜120克混合加水适量煎开，候温。大牛一次罐服，隔3日1次，连服3～5次。

方4：生姜60克切碎，红糖300克，田螺（带壳捣碎）150

克，香油 120 毫升，开水适量冲调，大牛一次罐服。

方5：党参 100 克，白术 50 克，山药 150 克，共研末，熟米汤冲调，大牛一次罐服，连服 15 剂为一疗程。治疗瘦弱不贪水草。

方6：榆树叶、马铃薯各 500 克。葱白 30 克，共切碎捣烂，打入鸡蛋 6 个，淘米水适量冲调，大牛一次罐服，连服 15 日。治瘦弱呆滞，尿不利或水肿。

(四) 牛维生素缺乏症

方1：菠菜 1500 克，猪肝 250 克，共捣碎烂，开水冲调，大牛每日一次内服。连服 5 日。

方2：南瓜 30 份、胡萝卜 20 份、茶叶 1 份，共捣烂。牛每次 500～1000 克，混在饲料里喂给。

方3：胡萝卜 750 克，韭菜 600 克，混在饲料里喂给。

十、治疗牛中毒病的良法良方

方1：黄土、生石灰各 500 克（200 千克体重的药量），分别加水 5 升搅匀澄清，取上清液混合，大牛一次内服。然后 100 克绿豆磨成浆（不煮）内服。

方2：木炭末 30～100 克，加水给大牛内服，过一定时间待木炭末吸附毒物后，再用芒硝 200～500 克，溶于 2～3 升微温水中，大牛一次内服。

方3：细茶 100 克，水煎服。后再用栀子 100 克，韭菜 250 克，荞头 250 克，桑叶 20 克，共捣溶，另用胆草 100 克，车前子 100 克，煎汁 1 千克，再混捣溶以上药内服。

方4：绿豆 2500 克，甘草 500 克，白糖 500 克，将绿豆磨浆、甘草加水煎，再将二药混合冲白糖，分 3 次内服。

方5：芒硝 200～500 克，加水 1.5～4 升，大牛一次内服。

方6：鸡蛋10个，蜂蜜500克，混合内服。

以上6方，治疗牛黑斑病甘薯中毒。

方7：白糖250克，开水冲服。

方8：白糖120～250克，胡葱250克，共捣烂，开水冲服。

方9：绿豆400～500克，加水煎煮30分钟，连汤一起一次内服。治疗：食盐中毒。

以上3方，治疗牛食盐中毒。

方10：红糖500克，冲水1500毫升内服。治疗：牛木薯、高粱苗中毒。

方11：绿豆500克，雷公根250克，红糖250克，共捣溶冲水内服。

方12：烟叶、萝卜籽（或萝卜），红糖各适量，煎水1500毫升，冲花生油250毫升内服。

以上3方，治疗木薯，高粱苗中毒。

方13：绿豆粉500～1000克，甘草末30～60克，白糖300～500克，开水冲调，大牛一次内服。

方14：绿豆粉300～500克，甘草末100～250克，滑石80～120克，白糖200～300克，上药混合，加水供大牛一次内服。

方15：鸡蛋8～10个（去壳），白糖250克，混合后搅匀，冲开水1500～2000毫升内服。

以上3方，治疗牛有机氯农药中毒。

方16：白矾加水适量，一次内服。大牛每次20～50克。治疗：牛磷化锌中毒。

方17：雷公根1000克，玉叶金花500克，将药捣烂，冲开水去渣，加红糖500克内服。

方18：绿豆500克（磨浆），甘草100克，甘草水浸出后，加入绿豆浆内服。

以上2方，治疗牛氢氰酸中毒。

方 19：绿豆磨浆渣一碗，山楂 50 克研末，加水适量煎开，大牛一次内服，治疗：醉马草中毒。

方 20：绿豆 200～500 克，双花 60～150 克，葛根 100～300 克，共煎汁内服，治疗：闹羊草中毒。

方 21：猪油 250 克（或生油 250 克），鸡蛋清 8 个，混合后内服。治疗：黄花草中毒。

方 22：黄豆浆 200～500 毫升一次内服。治疗：牛毒芹中毒。

方 23：绿豆粉 500 克，苏打粉 45 克，煎汁内服。治疗：棉籽饼中毒。

方 24：黄豆浆 5 升，大牛一次内服，主治：牛霉玉米中毒。

方 25：生石膏 250 克，淡竹叶、知母、生地、玄参、天花粉、枳壳、大黄各 30～45 克，芒硝 150 克，水煎内服。治疗：牛豆类饲料中毒。

方 26：芒硝 150 克，小苏打 100 克，食盐 60 克，开水冲调，大牛一次内服。治疗：发霉饲料中毒初期。

方 27：绿豆 150 克，盐 15 克，水 2000 毫升，共煮汤让牛自饮。治疗：黄曲霉毒素中毒。

方 28：绿豆 600 克，甘草 60 克，煎汁适量，大牛一次内服。治疗：亚硝酸盐中毒。

方 29：豆浆 0.5～2 升，加水适量，大牛一次内服。治疗：砷或汞中毒。

第八章　牛病冷却疗法和温热疗法

一、冷却疗法

冷却疗法经常应用于牛急性无菌性炎症的初期治疗。比如牛机械性挫伤，扭伤等治疗，以及牛手术后组织内溢血的止血等。注意事项：对化脓性炎症和慢性炎症禁止使用。有三种方法。即：冷敷法、冷蹄浴法、冷黏土疗法。

（一）冷敷法

就是把毛巾浸入 5～10℃的冷水中，或者将毛巾侵入冷药液中，毛巾取出后贴于或者缠于患处，然后用绷带固定好。而后要不断进行交换使用，或者往毛巾上浇注冷敷液，这样能使牛患病部位一直保持冷却状态。注意事项：若有局部损伤，须在冷水中加入适量的防腐药液。实践中也可使用装有冷水或者冰块的胶皮袋，用毛巾包上，置于患部，用绷带固定好。每天可冷敷数次，每次半个小时左右。

（二）冷蹄浴法

方法是将牛的患病肢蹄置于盛有冷水的胶皮桶内，患病部位浸于冷水中进行冷浴，每次一般持续时间为 30～60 分钟。为了使胶皮桶内的水一直保持冷温状态，每隔 5～10 分钟换一次冷水；或利用一根长胶皮导管，一端插至桶底，另一端连接自来水龙头上，连续不断注入冷水；也有的将牛牵到砂石硬底的小河沟里，让牛站在水温低的小河沟内进行冷浴也能获得一定疗效。

（三）冷粘土疗法

方法是用冷水把粘土调制成黏稠状，涂于牛的患病部位。为了增强粘土的冷却效果，可向每升水中添加 2 汤匙食醋，本法适用于治疗牛挫伤和关节扭伤。

二、温热疗法

温热疗法适用于治疗牛各种急性炎症的后期以及慢性炎症等。有热敷法，热蹄浴法，白酒温敷法三种方法。

注意事项：温热疗法对急性无菌性炎症的初期，组织内有出血倾向，炎性肿胀剧烈，以及急性化脓坏死等症禁止使用。

（一）热敷法

方法是将厚层脱脂棉浸泡于 40 ~ 45℃ 热水中，取出适当拧挤后覆盖于患病部位，再盖上一层塑料布，用纱布固定好，一般每天热敷 3 ~ 4 次，每次热敷时间为 30 ~ 60 分钟。如果在热水中再加入 10% ~ 20% 的硫酸镁、复方醋酸铅或食醋等，可以提高疗效。

（二）热蹄浴法

将牛患病肢蹄置于盛有 40 ~ 45℃ 热水的胶皮桶内浸泡，每天浸泡 3 ~ 4 次，每次 30 分钟左右。也可根据实际需要，可在热水中加入适量的高锰酸钾、来苏尔、碘酊或食盐等。这样可提高治疗效果。

（三）白酒温敷法

酒精温敷法是使用酒精代替水的一种温敷法，方法与热敷法相同。农民临床上常用小烧酒（60 度白酒），白酒温敷法疗效比用热水温敷法强得多，每次持续时间 4 ~ 6 小时。解除白酒绷带后包扎保温绷带。如果在白酒内加入鱼石脂配制成 10% 鱼石脂白酒溶液，可增强热敷的作用。白酒度数越高，其热敷作用就越大。但是白酒度数太高或热敷时间过长，可破坏局部组织代谢，甚至引起坏死，应加以注意。

（四）石蜡疗法

在进行石蜡疗法之前，要对牛患病部位进行剪毛，而后洗净擦干。将石蜡在水浴锅中加热溶解，注意不要滴入水，以防引起烫伤。待冷却到所需温度时再使用。初次治疗时，石蜡的温度可从 55~60℃ 开始，以后逐渐提高温度，但石蜡的温度最高不能超过 85℃。如果石蜡中混有水分，或用于创伤的治疗，应将石蜡加热到 100~120℃，以利于水分蒸发及灭菌。石蜡疗法每次时间 50~80 分钟。每天 1 次或隔天 1 次。使用时为了防止出现烫伤，先用毛刷蘸石蜡围绕患病部位涂布 2~3 层，形成了防烫层。

1．石蜡热敷法

按上述方法形成石蜡防烫层后，在防烫层上迅速涂布大量的石蜡，直到形成 1~1.5 厘米厚的蜡层，外包塑料薄膜，再加保温层，最后绷带固定好。

2．石蜡纱布热敷法

方法是首先按牛患病部位大小将叠好的 6~8 层纱布块浸入蜡液，取出稍拧挤，立即贴敷于患部，外面包上保温绷带并固定好。注意事项：此种方法适用于患部面积较大，石蜡热浴不宜进行的牛患病部位。

3．石蜡袋热敷法

方法是将石蜡装入塑料袋内封闭好袋口，以水浴加热融化后敷于患病处，外加棉垫，用绷带固定好。

4．石蜡热浴法

此种方法适用于治疗牛四肢下部疾病。将塑料薄膜缠绕患部 2~3 圈，塑料布布层与肢体间留有 2~2.5 厘米的间隙，用绷带将所料布层下端绑紧。从布层上端倒入所需温度的石蜡液，逐步将布圈收拢，上端结扎，最后在塑料薄膜外面包上保温层，绷带缠绕结扎固定好。

（五）红外线照射

此法多用于治疗牛各种创伤和亚急性炎症。照射时应根据患病部位大小，用一盏灯或两盏灯并用。灯据皮肤距离为 40～70 厘米，温度掌握在手在牛体上，照射时以不烫手为宜。每次照射趾间 15～30 分钟，每天 1～3 次。

第九章　牛病综合疗法

一、牛犊疾病

（一）牛犊胎便不下

病因：牛犊胎粪。主要是由于妊娠母牛饮水不足，患上热性疾病，胎犊受母体之热邪，分娩后牛犊体内热邪积聚于大肠，致使粪便黏腻或燥结，因而便不下来。

临床症状：患病牛犊腰背拱起，回头观望腹部，不时摇尾，肚腹发胀，常作大便姿势，但是却不见粪便排下。口发赤红色，脉搏沉紧。

治疗：

1. 灌肠

用肥皂温水500毫升，以橡皮导管将肥皂水由肛门注入直肠内，驱赶其运动少时，即可排出粪便。

2. 中药疗法

方组：川大黄3克、南枳实6克、川厚朴6克、当归尾15克、广陈皮6克、净芒硝10克、生甘草3克。

将上药煎水，滤去残渣，用蜂蜜20克，清油或液状石蜡油20毫升为引，以胃管灌服。

方解：南枳实、川厚朴、广陈皮有宽隔破气，健胃消食，则胀满自除；当归尾有活血，润滑肠道之功效；川大黄、净芒硝有通畅泻火之功效；生甘草清热解毒，能中调诸药。

本书作者付春江，用上述方法10年来共治疗300多例，效果较好。

方2：川大黄6克、三仙各15克、大云20克、杭白芍10克、槟榔片6克、蜂蜜30克。

治愈例证：青冈县建设乡双泉村一养奶牛户初产黑白花牛犊，于1998年秋天曾患肚腹胀满，弓背怒粪，起卧不安，不欲吮乳。本书作者，用方2煎水灌服两剂后病牛痊愈。

预防：坚强母牛饲养管理，及时治疗母牛热性病，母牛平时注意饮水，特别是妊娠期间饮足清洁水。

（二）牛犊破伤风

病因：本病是接产时用了未消毒的剪刀剪断脐带，破伤风杆菌从剪断的脐带伤口浸入牛犊体内。

临床症状：病菌在牛犊体内4~6天才出现症状。病犊四肢僵硬，走路摇摆，腰背硬如木板，耳朵僵硬，眼睛瞪似铜铃，眼角内有瘀血，嘴角流黏液，喉咙里发出拉锯之声音，口紧难开，鼻扇喘粗气，出气发高热。舌发赤红色，尾根脉搏沉数。

治疗：

1. 针灸疗法

用火针刺天门、风门、百会穴。

2. 中药疗法

方组：全当归15克、斑蝥3个、红娘子3个、净蝉蜕10克、全蝎10克、蜈蚣1条、乌蛇10克、白僵蚕10克、明天麻10克、胆南星15克、麻黄3克、红柴胡10克、藁本10克、川乌10克、草乌10克。

将上药煎水，滤去残渣，用朱砂末2克，麝香0.1克，黄酒60毫升为引，用胃导管灌服。如果结合注射破伤风抗毒素，则效果更佳。

加减法：如果病牛犊发生惊悸时，宜加琥珀末10克，金箔5张，安神镇惊悸；如果牙关紧闭的，加北细辛6克、香白芷10

克、钩藤10克，以搜诸结之风而活络，通关开窍尤妙。如果粪便干燥，加川大黄15克、净芒硝30克，通便秘结导淤血，泻大肠火而通畅；如果小便发红或淋漓的，加瞿麦15克、车前子15克，以清利小便而疗热淋。如果口渴发烧的，加金银花15克、川黄连15克、枯黄芩15克、生山栀15克，以清热解毒，消炎杀菌；如果出气扇喘的，加杏仁泥20克、天门冬15克，以润肺化痰而定气喘。

方解：全当归、黄酒有活血之功效；斑蝥、红娘子、净蝉蜕、全蝎子、蜈蚣、乌蛇、白僵蚕，有攻毒追风杀菌之妙；明天麻、胆南星，可祛风镇惊，化风痰；川乌、草乌，有顺气祛风痹之功效；红柴胡、蒿本，除风发汗解表排毒效果好；麻黄，解热发汗，定喘效果佳；朱砂，能安神定魂；麝香，能通关利窍，除风杀菌。

预防：妊娠母牛分娩前，产房应严格消毒，卫生清洁。如果脐带需要剪断，剪刀要消毒处理，脐带断端用碘酊浸泡消毒。

（三）牛犊食乳吐乳

病因：哺乳牛犊体质较弱，在太阳下晒热后，跑进阴凉的厩舍之内，卧于阴冷潮湿的地方，受到了寒邪侵袭，寒气传入脾胃，脾不健运，胃不腐熟，胃气不纳，掌握引起消化不良而致吐乳之故。

临床症状：精神萎靡，耳鼻冰冷，吐乳，甚至拉稀，食欲减退，反刍减退。口发赤黄色。脉搏迟细。

治疗：

1. 针灸疗法

用三棱针放舌根血、耳稍血；用火针刺脾穴、百会穴。

2. 中药疗法

方组：姜半夏10克、广陈皮10克、白茯苓10克、土白术15克、麦冬门6克、车前子6克、广藿香10克、制香附10克、炙甘草 3 克。

将上药共研细面，或煎成汤剂用胃管灌服。用大枣肉 15 克、鲜生姜 10 克为引，以开水冲烫后，候温灌服。

加减法：若食欲废绝，加炒三仙各 10 克、鸡内金 10 克，以健胃消食；若泻粪便似水的，加煨肉蔻 6 克、煨诃子 6 克、米壳 3 克，以涩肠止泻；若粪便干燥，应减去方中车前子，加生三仙各 10 克、川大黄 6 克，以健胃消食导滞。

方解：姜半夏、土白术，健胃暖胃祛寒气；广陈皮，破胸中寒瘀之气，健胃助消化；白茯苓，强心健脾，除湿利水；麦冬门，清心润肺，养胃生津，解烦渴；车前子，利小便；广藿香，能正气，除呕吐；制香附，调中理血气；炙甘草，温中补虚；大枣肉，大补胃气助消化；鲜生姜，暖胃，逐寒气而发表，除呕吐。

预防：注重母牛饲养管理，按不同生长发育阶段科学调配饲料，母肥犊壮。牛犊舍要干燥保温，栏内铺有柔软垫草。

（四）牛犊食乳拉稀

病因：如果是使役牛产的牛犊拉稀，多因母牛的肚腹阴，牛犊吃了其母阴寒的乳汁；如果是奶牛犊，多因过食冷冻的乳汁，感受寒邪，致使消化不良而导致拉稀。

临床症状：病牛犊精神沉郁，便稀粪或稀便如水样，食欲反刍减少或废绝，肠道内咕咕作响，有时起卧不安。口发青黄色，尾根脉搏沉迟。

治疗：先给患阴寒疾病母牛灌服一剂"干姜暖胃散"，再给拉稀牛犊灌服"泽泻散"。

1. 针灸疗法

用火针刺脾俞穴，后海穴。

2. 中药疗法

方 1：干姜暖胃散。适用于灌服母牛患阴寒疾病者。

方组：野党参 60 克、制香附 60 克、淡干姜 40 克、土白术 60 克、炒核仁 15 克、川红花 15 克、生甘草 20 克。

将上药共研为末，用鲜生姜 30 克为引，以开水冲烫，待温灌服。以暖胃散寒，和中理血气。

方2：泽泻散。适用于灌服牛犊吮乳拉稀者。

方组：广陈皮 6 克、炙五味 6 克、栋砂仁 3 克、土白术 6 克、白茯苓 6 克、建泽泻 6 克、紫油桂 3 克、煨干姜 3 克、煨肉蔻 1.5 克、煨诃子 1.5 克、元胡索 6 克、炙甘草 8 克。

将上药共研为细面或煎水以胃管灌服，用开水冲烫，待温灌服。

方解：广陈皮、炙五味、栋砂仁、土白术、紫油桂、煨干姜、炙甘草，健胃暖胃，祛寒，消食利水，疗腹痛；白茯苓、建泽泻，除湿利水而止泻；元胡索，调理气血，止腹痛；煨肉蔻、煨诃子暖胃，涩肠止泻。

预防：母牛有圈舍，冬暖夏凉。牛犊在干燥暖舍饲养。

（五）牛犊尿血

病因：妊娠母牛营养过剩，食精饲料过多，未能及时饮以足量的水，内热积聚，致使母牛火盛血热，当热毒传入牛犊体内流注膀胱，牛犊生下来就尿血水。也有的生下几天时才尿血水。

临床症状：尿鲜红色血，口内发赤发热，病情严重时，尿发黑红色，起卧不安，最后死亡。

治疗：中药疗法。

方组：酒知母 10 克、酒黄柏 10 克、炒山栀 10 克、炒蒲黄 10 克、焦茜草 10 克、瞿麦 15 克、酒黄芩 6 克、赤芍药 6 克、麦冬门 6 克、生甘草 3 克。

用荷叶 15 克为引，将上药煎成汤剂，滤去残渣，以胃导管灌服。

方解：酒知母、酒黄柏，滋阴降火；炒山栀、炒蒲黄、焦茜草、瞿麦、酒黄芩、赤芍药、荷叶，以治热淋之有血；麦冬门，润心肺，养胃生津，解烦渴；生甘草，清热解毒，调和诸药。

预防：对母牛科学饲养管理。特别是妊娠母牛，精、粗、青饲料合理搭配使用，定时、定量。饮水充足。防止母牛受热生火，热毒伤及胎犊。

（六）牛犊软瘫症

病因：出生牛犊软瘫是由于妊娠母牛体质瘦弱，饲料中缺少精饲料、青草，体内缺乏营养物质，如钙和磷等。致使胎儿发育不良，牛犊先天性不足，所以产下来四肢软瘫不立。

临床症状：四肢软瘫不立，精神沉郁，眼睛蒙眬不睁，口似枯骨色。病势较轻的牛犊，四肢温热，口苍白色，尾根脉搏沉细而微。

治疗：

中药疗法。

方组：虎胫骨 10 克、甘枸杞 10 克、鹿茸 3 克、当归身 10 克、老川芎 10 克、熟地黄 10 克、佐牡蛎 15 克、生龙骨 15 克、淮山药 10 克、山萸肉 10 克、土白术 10 克、川续断 10 克、焦杜仲 10 克、川牛膝 10 克、上元桂 3 克。

将上药共碾为细面（或煎汤剂），用苏土元 5 个，干螃蟹 2 个为引，用开水浇烫，待温灌服。

方解：虎胫骨，除寒湿风毒，壮筋骨；川续断、甘枸杞、鹿茸、佐牡蛎、生龙骨、土白术、焦杜仲、川牛膝、上元桂，能壮阳强筋骨，疗腰背酸痛，瘫卧，四肢无力；熟地黄、淮山药、山萸肉，补骨气强心；当归身、老川芎，补虚生血；苏土元、干螃蟹除风湿，活血止痛，通达四肢。

预防：加强妊娠母牛的饲养管理。多饲喂富含营养的饲料，如苜蓿类青草，胡萝卜，麦麸，豆饼等，饲料多样化，合理配制，以防孕牛缺乏营养而影响胎犊的正常发育。

（七）牛犊大便带血

病因：牛犊大便带血，多由牛犊在胎内受母体热邪，热毒积于大肠，致血液忘行之故。

临床症状：病犊精神沉郁，喜卧于地，食欲减退，粪便里附有血液或血丝，口发赤黄色，排泻不止，病重导致死亡。

治疗：

方1：当归尾6克、生白芍10克、焦山栀3克、焦大黄3克、槐花炭10克、建泽泻10克、酒黄芩6克、地榆炭10克、白桔梗6克、白茯苓10克、滑石粉10克、川厚朴3克、广陈皮3克、生甘草3克。将上药煎成汤剂，滤去残渣，用胃导管灌服。

加减法：若大便带血量多，加仙鹤草30克，以引血归经而止血。

方解：当归尾，补血活血；生白芍，补虚生血，退热止痛；焦山栀、焦大黄、槐花炭、地榆炭，能祛除胃肠内之湿热，导瘀血，止大便出血；白茯苓、建泽泻，利水除湿热；酒黄芩、白桔梗，能泄肺火；滑石粉，利六腑之闭涩除湿热；川厚朴、广陈皮，健胃助消化，破淤气；生甘草，清热解毒，调和诸药。

方2：仙鹤草20克、陈棕炭20克、生地炭20克、焦侧柏20克、川黄连15克、焦山栀20克。

治愈病证：2011年7月，青冈县连丰乡兴农奶牛场，有一牛犊粪便里混有鲜血及血丝，作者用方2煎水灌服3剂后痊愈。

预防：加强母牛的饲养管理，特别是热性病的防治，牛犊患大便带血病，及早治疗。

（八）牛犊大便带红白脓团

病因：母牛产后瘀血未尽，或外感热邪，以致热毒注入血脉，牛犊吸吮了母牛血热之乳，或舔食污物，致使热毒积聚大肠而引发牛犊大便带红白脓团痢疾。

临床症状：病初期精神倦怠，泻粪如浆，附有黄白脓团或血红脓团，腥味难闻，腹痛起卧，回头顾腹。日久严重的，则呼吸促迫，鼻镜干燥，卧地不起。

治疗：

给母牛灌服"芎归散"，病犊用"梅翁散"灌服。

方1：芎归散（宜灌服母牛产后瘀血未尽和血热的）。

方组：当归尾30克、老川芎30克、川红花20克、海带30克、赤芍药30克、川青皮30克、红连翘30克、金银花30克、天花粉30克、生甘草10克。

将上药共碾细末，用荷叶30克，童便250毫升为引，以开水冲烫，待温灌服。

加减法：若母牛体质瘦弱的，加土白术30克、白茯苓30克、淮山药30克、麦冬门30克，以补脾强心，化虚热而养血；若热邪过盛的，加肥知母30克、生山栀30克、川黄柏30克、生地黄30克、宣木通30克，以滋阴泻火，凉血热。

方解：川红花、赤芍药、荷叶，有散瘀清血分热之功效；

海带、红连翘、天花粉，能泻火生津；川青皮，可疏通肝气；老川芎、当归尾，能润燥活血；金银花、生甘草，清热解毒；童便引热下行由小便而出。

方2：梅翁散（宜灌服牛犊大便脓血的）。

方组：乌梅肉10克、白头翁15克、川黄连15克、炒槐花15克、炒山栀15克、抗白芍10克、白茯苓10克、建曲15克、生甘草6克。

将上药共碾细末（或煎成汤剂），以开水冲烫，待温灌服。有健脾除湿，清热解毒，消炎杀菌之功效。

加减：若便红、白血团日久的，加青蒿30克，以疗冷热久痢疾。

（九）牛犊白肌病

牛犊白肌病也称营养不良症或叫缺硒症。以牛犊突然死亡、骨骼肌和心脏变性坏死为特征。牛犊以 4 月龄以内发病较多。舍饲母牛营养不良，微量元素硒和维生素 E 缺乏是发生本病的主要原因。

临床症状：放牧或运动时牛犊突然死亡，有的牛犊白天精神状态良好或稍有沉郁，但在夜间死亡。牛犊精神沉郁，心跳高达每分钟 110 ~ 120 次。不愿行走，步态不灵活，关节不能伸直。触摸时，四肢和腰背部肌肉僵硬，并有痛感。喜卧，食欲减退，严重水泄、消瘦。严重时，体温升高并有继发性肺炎。眼结膜及全身发白。

预防：

1. 土壤缺硒或发生过白肌病的地区，饲料中要添加硒，或自由舔食加硒盐砖。

2. 缺硒地区，母牛怀孕后，用 0.1% 亚硒酸钠 10 ~ 20 毫升，隔 20 ~ 30 天注射 1 次，共注射 2 次。

3. 牛犊出生 3 天内皮下注射 0.1% 亚硒酸钠 10 毫升。

治疗：

1. 0.1% 亚硒酸钠 8 ~ 10 毫升，并配合维生素 E50 ~ 100 毫克，连用 5 ~ 7 天。病重时，20 天后再注射 1 次亚硒酸钠。

2. 樟脑磺酸钠 10 ~ 20 毫升，每日 1 次，肌内注射，连用 3 次。

3. 补饲鱼肝油，注射维生素 A、维生素 D，辅助治疗。

4. 四肢僵硬有痛感时，安乃近 5 ~ 10 毫升，肌内注射。

5. 病重者用 5% ~ 10% 葡萄糖 300 毫升，维生素 C 5 ~ 10 毫升，静脉注射。有腹泻、结膜炎及全身发白等并发症时，对症治疗。

（十）牛犊乳泻

出生牛犊食用了母牛血热之乳，往往引起腹泻，所以称之为乳泻。

病因：多因母牛产后瘀血未尽或外感热邪，以致热毒注入血脉，因乳从血化，牛犊食后遂发生乳泻。

临床主症：病初精神倦怠，泻粪如浆，多呈黄白色，或带血液，腥臭难闻，腹痛起卧，回头顾腹。严重时则出现呼吸促迫，鼻镜干燥，卧地不起等症状。

治疗：母牛与牛犊兼顾治疗，母牛以调理气血、清热散瘀为止，牛犊以清热止泻为主。

方1：当归散（大牛服药方）

当归、海带各50克，荷叶40克、红花25克，赤芍、青皮、连翘、天花粉各40克。

将上药共研为末，开水冲匀，候温一碗灌服。

方2：乌梅散（小牛服药方）

乌梅15克（去核）、干柿15克、黄连5克，姜黄、诃子肉各10克。水煎取汁灌服，或让其自饮。

护理：母牛饲喂青草，防止烈日晒，一切生料暂忌，防止牛犊过食，少量多次喂以软饲料，如青草、米粥等。

（十一）牛犊大肠杆菌病

病原：主要是大肠杆菌，在某些情况下，类大肠杆菌，副伤寒杆菌，变形杆菌及绿脓杆菌，也可引起此病。一般消毒药在短时间内可将其杀死。

病因传播途径：由于不食初乳或初乳所含维生素A过低，哺乳过饱，误食不清洁饲草，牛犊舍内外温差较大，而使牛犊受寒冷等，为本病的诱因。主要发生于初生1～3日龄牛犊，三天以后少见。本病除条件病原致病外，还可通过健康牛的排泄物（主要是粪便）污染饮水、饲料等，经消化道传染，经子宫或脐带感染的较少见。

临床症状：突然发生腹泻，粪稀如水，恶臭，呈灰白色，内含气泡。病初精神萎靡，食欲减退或不食。症状加剧时，两眼凹陷，极度沉郁，被毛粗乱，尾部被粪便污染，脱毛，呼吸稍快，体温稍高。严重腹泻时，四肢发凉，皮肤湿冷，行动僵硬，腹部卷缩，病期2～3天，虚脱而死亡。病程长的可继发肺炎或关节炎。

剖检：胃肠卡他性炎症。皱胃及小肠有小的出血点，肠内容物恶臭或杂有气泡，有时有出血性肠炎，肠内有带血色内容物。肠系膜淋巴结也有炎性肿胀，脾脏肿大，肝、肾苍白，有时见腹膜炎。

预防：对怀孕母牛应选择良好的放牧场，怀孕后期适当补贴优质草料，适时饮清洁水，防止食用霜冻草料和空腹饮水，在产前补喂胡萝卜，骨粉，食盐及青饲料，特别是青贮饲料。初生牛犊最好脐带消毒，吃足初乳，防止误食污物，定时吃奶，防止饥饱不均，分群管理。圈舍干燥，卫生清洁，

温度保持在10～13℃，防止受冷。常发病牛群，在产前要彻底消毒。

治疗：

1. 西药治疗

（1）呋喃西林每千克体重0.01克，碱式硝酸铋（可用骨炭粉代替）3～5克，常水10～15毫升，每日两次内服。

当有肺炎症状时，可口服氯霉素，新霉素等，每天2～3次。

（2）磺胺脒0.8克，胃蛋白酶1.5克，龙胆末1克，混合制成散剂，一次内服，每天2次。

2. 中药治疗

白头翁35克，黄连30克、黄芩36克、秦皮36克。水煎后

去渣，分2次，一日服完。用于实热痢疾。

（十二）牛犊副伤寒

病原：主要是沙门氏杆菌属中的肠炎杆菌所引起。为革兰阴性，一般浓度消毒药均能将其杀死。

传播途径：主要发生在10～30日龄牛犊，一个月以上牛犊很少发生。成年牛也可感染称为无症状的带菌者，且不断经粪便排出病原菌，污染土壤，水源，饲料，饲槽，牛舍及饲养用具，这是主要的来源。牛舍卫生不清洁，狭窄拥挤，长途运输，饲料中缺乏维生素和蛋白质，或突然更换饲料等，使机体抵抗力减低是导致本病发生的诱因。

临床症状：潜伏期2～8天，可分为急性和慢性两种类型。

（1）急性。3～4周以内的牛犊多呈急性型。病初患牛体温升高40～41℃，持续下降，皮温不均，末梢冰冷。精神萎靡，卧地不起，初便秘，后腹泻，粪便呈液体状，潜血，为淡黄或灰黄色，而且混有气泡。眼和鼻黏膜常有轻度炎症，一般于病后4～8天死亡。

（2）慢性。病牛犊腹泻减轻或停止，但是，出现呼吸困难，咳嗽，由鼻腔流出黏液性分泌物，而后变成脓性鼻液。肺炎症状加剧时，呼吸音增强，有啰音，体温升高，心悸亢进，脉弱间有间无，同时常发生关节炎，特别是腕关节和跗关节肿大，病牛犊极度消瘦，一般病期1～2周。

剖检：急性病变主要表现在腹腔脏器，如脾脏肿大1～2倍，呈樱桃红色乃至黑色，包膜下血管瘀血，有显著的点状、斑状或线状出血。肠和皱胃黏膜呈灶状炎症，充血，黏膜皱襞出血。肠系膜淋巴结肿大，呈灰红色或灰白色，有出血点。肝有时肿大，呈土黄色。肝、脾可见副伤寒特有的粟粒大，灰黄色的坏死灶。肾包膜下出血。心肌质度变软，切面浑浊。肺脏瘀血，水肿和气肿，有时可见前叶和心叶上出现卡他性肺炎灶，局部实变，呈暗红色。

慢性病变主要在肺部，呈现肺炎变化，胸腔内有浆液 – 纤维素性渗出液。腹腔内脏器变化不明显，如果关节受损时，可见关节腔积有渗出物。

预防：牛舍应宽敞明亮，干燥清洁，经常消毒。加强对牛犊及母牛的饲养管理，注意乳汁质量和喂乳和饮水温度，对牛生后1 ~ 2 小时皮下注射免疫血清 15 ~ 20 毫升，在一个月以内注射副伤寒菌苗。病牛犊隔离治疗。

治疗：

1. 西药治疗

（1）病初可用 1% ~ 2% 食盐水灌肠，肠道清洗之后，灌服磺胺脒 0. 5 克，每天两次，第一次用量加倍。

（2）肌内注射氯霉素 1 ~ 2 克，每天注射一次。或者静脉注射磺胺噻唑液 5 ~ 10 毫升，每天 2 次。

（3）对过于衰弱或者有肺炎症状的患病牛犊，可静脉注射葡萄糖、樟脑、酒精合剂 20 ~ 30 毫升，每天一次。葡萄糖、樟脑、酒精合剂配方：取 1 克樟脑溶于 70 毫升酒精中，再取 30 克葡萄糖溶于 130 毫升蒸馏水中，将两液混合过滤，灭菌后使用。

2. 中药治疗

以清热，安神，活血，祛痰，滋润，收敛为原则。

方组：柿蒂、乌梅、柏子仁各 15 克，黄连、姜黄各 25 克。共为末，开水冲，候温灌服。

3. 偏方疗法

（1）食盐 2 两，大蒜瓣 4 两，混合捣碎，开水冲灌服。

（2）2% 石灰水 1 份，饲料 10 份，混合饲喂牛犊。

4. 针灸疗法

针刺尾尖，尾本，舌尖穴位。

二、牛传染病

（一）口蹄疫

口蹄疫俗称"口疮""蹄癀"，是由口蹄疫病毒引起的急性、热性、高度接触性的传染病。主要侵害牛、羊、猪等偶蹄动物。其中：以牛最为敏感。

口蹄疫病毒毒型较多，常见的有 O 型、A 型和亚 1 型。该病毒对外界抵抗力较强，在自然条件下，含毒组织和被污染的饲草、饲料、皮毛及土壤等可保持传染性达数周至数月之久，病毒对低温抵抗力强，特别是秋冬季节保存活力更长。病毒对热敏感，在 85℃ 时能很快灭活。酸和碱对病毒作用很强，2% 氢氧化钠溶液，30% 草木灰溶液，0.5% 的过氧乙酸液能短时间杀死病毒。

传播途径：发病初期的病牛是最主要的传染源。病牛能从泡液、口涎、乳汁、粪尿、泪液等排出病毒。痊愈的牛也能短时间带毒，散毒。主要传染途径是消化道和呼吸道，也可经皮肤和损伤黏膜传染。属于季节性发病，多在秋末、冬季流行。

临床症状：潜伏期 2～7 天。先在病毒侵害的部位，如口腔黏膜上形成第一期水疱，往往不被注意。2～3 天后，患病牛体温升高，唇部、齿龈、颊内、舌面和鼻镜上发生大小不等的第二期水疱。也有同时或者稍后，在冠蹄，趾间，乳房皮肤上发生水疱的，口里的水疱 1～2 天即破裂，形成红色湿润烂斑，此时病牛开始大量流涎，体温下降，采食困难。因蹄部水疱溃烂疼痛，患肢跛行，甚至不能站立。

牛口蹄疫一般为良性经过，大约经 1～3 周病牛康复，通常致死率不超过 1%～2%。有些病牛在水疱病变逐渐愈合阶段，病情突然恶化而死亡，为恶性口蹄疫。

　　牛犊发生口蹄疫，口腔和蹄部不呈现病变，主要症状为出血性胃肠炎和心肌炎（虎斑心），经过急，死亡率较高。病愈牛可获得1年左右免疫力。

　　预防：预防口蹄疫要及时采取综合性防治措施。发生疫情后，在准确诊断是口蹄疫情况下，应立即向上级畜牧防检部门报告疫情，并通知临近地区协同防范。采取严格封锁，隔离，消毒等综合措施，尽早，尽快进行扑灭，以防疫情蔓延，造成大的经济损失。

　　（1）封锁疫区，隔离病牛。划定疫区，进行封锁，封锁区对外通行的路口，应设消毒站，路口地面设消毒设施。对疫区牛进行严格检查，病牛立即隔离，治疗。固定草场，水源，饲养工具，由专人管理，严防饲养员和治疗人员因本身消毒不严格散播传染。疫区或受威胁的地域，进行紧急预防接种，建立免疫带。如有死牛必须焚烧或深埋。粪便于指定地点密封发酵后利用。急宰病牛的肉和内脏在不散播病原的条件下煮熟，在封锁区域内利用。急宰病牛的皮张可用0.1%～0.2%氢氧化钠饱和盐水溶液或10%～20%草木灰水浸泡24小时消毒。在最后一头病牛痊愈和处理后，经过彻底消毒和有关组织检查验收后，适时解除封锁。

　　（2）严格消毒。牛舍用2%热氢氧化钠液，1%～2%甲醛液，20%石灰乳或30%热草木灰水进行消毒。与病死牛有关的污物，废弃物及被污染的场地，栏舍，工具等进行严格消毒。可用3%～5%烧碱液或1%甲醛溶液消毒，疫区的皮张，应用甲醛密闭熏蒸消毒（每立方米容积用甲醛25毫升，加水12.5毫升和高锰酸钾25克），使用甲醛熏蒸法，应保持室温在20℃以上，注意防火和人身安全。

　　口蹄疫的防治以尽快控制和消灭疫情为主，在严格隔离与不散毒的条件下，对病牛可进行对症治疗，以缩短疗程，防止继发感染和死亡。

治疗：

1. 西药疗法

（1）口腔、舌部处理。用0.1%高锰酸钾液，2%醋酸液，2%明矾水或浓盐水洗涤，在烂斑上涂磺甘油（5%碘酊1份，甘油4份）或1%磺胺甘油乳剂，或用冰硼散（冰片五两、硼砂五两、芒硝五两，共为末），取食量吹入口腔。

（2）蹄部处理。用3%克辽林或来苏尔洗刷，擦干后涂擦魏氏软膏或碘甘油，或涂10%碘酊。

（3）乳房处理。先用2%~3%硼酸溶液或肥皂水清洗擦干后，再涂擦青霉素、链霉素软膏。

（4）病牛出现心力衰竭时，可注射咖啡因或樟脑制剂。

（5）哺乳期牛犊最好用病愈牛血清防治。

2. 中药疗法

（1）熊胆冰硼散：明雄癀2克、蓝胆矾8克，枯白矾、白硼砂各10克，净青黛、冰片各6克。

将上药共研为细末。取适量干贴于患部，或用凡士林油调和涂擦于患部，以痊愈为度。有消炎消肿，防腐消毒，杀菌之功。

（2）黄柏青黛散：川黄柏、北放风、川黄连、冰片、净青黛、生甘草各6克，川花椒、白硼砂各8克，枯白矾10克。

将上药共碾为粗末，用煎沸待温的蜂蜜调成糊状，缝入两端附有系绳的布袋内，将药袋嗡于患牛口中，每日更换2次，以痊愈为度。有清热解毒，防腐，消炎杀菌，消肿止痛，收敛疮口之功效。

（3）雄矾散：金银花、红连翘、枯黄芩、川黄柏各40克，川黄连30克，明白矾60克，明雄黄2克，生甘草20克。将上药共碾细末，以开水冲烫，待温灌服。

方解：金银花、红连翘，有清热解毒的功效；明白矾，味酸收敛，性寒清咽祛痰，燥湿；川黄柏，泻肝胆之火；枯黄芩，泻肺火，配川黄连泻心火，消胃肠炎杀菌，配明雄黄抑制和灭胃肠道病菌与病毒效力更佳；生甘草清热解毒，调和诸药可升可降，使病毒由下焦排出。

（二）布氏杆菌病

此病是由布氏杆菌引起的人、畜共患的慢性接触性传染病。主要以公牛发生睾丸炎性肿胀，妊娠母牛发生流产和胎衣不下为特征。

人感染后则以波浪热，关节痛，睾丸肿大，神经衰弱与困乏无力为临床症状，也称"懒汉病"。严重损害人畜的健康。

病原：为布氏杆菌的牛型布氏杆菌。菌体短小，革兰染色阴性。在土壤中可存活 2 个月，在胎衣中可存活 4 个月，在粪尿中可存活 1.5 个月。在畜产品中其活力一般不超过 1 个月。该病菌对高温和光比较敏感，常用的消毒药 15 分钟可杀死本菌。

流行特点：本病呈散发，主要发生在奶牛。病牛是主要的传染源，病菌主要存在于病牛的阴道分泌物，流产的胎儿、羊水、胎膜、乳汁、粪尿及精液中。

传播途径：主要是经消化道传染，也可经生殖道，皮肤和黏膜微小损伤感染；被病牛分泌物污染的饲料、饮水、垫草、用具等，都可能成为间接接触的传染媒介；昆虫媒介（蜱、蚊）或啮齿类动物（野兔、野鼠）均可散布本病。人由于与病牛频繁接触或饮食未经消毒的牛乳和肉品所致病。

临床症状：本病潜伏期一般 1 个月左右。患牛多呈隐性感染。妊娠母牛最主要症状就是流产，第一胎的青年牛最为敏感，流产多发生在妊娠 6~8 个月，流产的胎犊多为死胎。流产后常常伴有胎衣不下或子宫内膜炎发生。病牛发生关节炎、淋巴结炎、滑囊炎及关节肿胀，严重时造成跛行。公牛表现睾丸炎及附睾炎，睾丸肿大，有热痛感，后逐渐减轻，触之质地坚硬，逐渐丧失配种能力。

诊断：根据母牛流产和公牛睾丸肿大等症状可疑为该病，但确诊应做细菌学检查和血清学检验。目前常用方法是凝集试验。对牛群还可以用乳汁环状试验进行普查。

预防：

1. 坚持自繁自养。新购入牛隔离观察 1 个月，并要进行 2 次检疫，确诊为健康牛后方可入健康牛群。

2. 受威胁牛群预防措施

（1）定期检疫。每年定期进行 2 次定期检疫。

（2）预防注射。本病常发地区每年用布氏杆菌苗进行免疫接种。

3. 病牛群净化措施

（1）隔离流产和胎衣不下的母牛。母牛流产和胎衣不下时，应隔离检疫，用土霉素或金霉素于子宫投药进行治疗，确诊为阴性时，方可入健康牛群。

（2）定期消毒。牛舍，运动场及饲具定期用 10% 石灰乳或 2% ~3% 热碱水进行消毒。

（3）培育健康牛群。母牛用健康公牛精液进行人工授精。病母牛产的牛犊，立即隔离于牛犊培养群，喂给健康牛牛奶或巴氏灭菌后的牛奶。在 6 月龄和 9 月龄各进行一次血清凝聚试验检查，两次均为阴性方可入健康牛群。

治疗：

1. 西药疗法

（1）用 0.1% 高锰酸钾溶液冲洗阴道，每天 2 次。

（2）用卡那霉素、氯霉素肌内注射，每天 2 次，连用 7 天。

2. 中药疗法

方组：益母草 30 克，黄芩 20 克，川芎、当归、熟地、白术、金银花、连翘、白芍各 20 克。共研为细末，开水冲，候温灌服。

（三）破伤风

破伤风又称"强直症"，别名"锁口风""脐带风"，是由破伤风梭菌外毒素使神经系统中毒引起的，为人和牛的一种创伤性中毒性急性传染病。其特征是全身或局部肌肉持续性痉挛，对外界刺激的反射兴奋性增高。

病原：破伤风梭菌，革兰染色呈阳性，能形成芽孢。破伤风梭菌繁殖体对一般理化因素抵抗力不强，煮沸5分钟即可死亡。一般消毒药可在短时间内将其杀死。

流行特点：各种家畜均能感染破伤风，牛易感染。破伤风梭菌广泛在于土壤和草食畜的粪便中。经皮肤，消化道，生殖道等受损的创口而感染，如断角、去势、断脐、上鼻环、钉伤、刺伤，不规范的助产，外科手术，注射消毒不严都能引起发病。本病通常呈零星散发。

临床症状：潜伏期1~2周。牛发病时两眼呆滞，全身发抖，牙关紧闭，吞咽困难，流涎，头颈伸直，腹肌紧缩，两耳竖立，背部僵直，尾根高举偏向一侧。四肢僵硬，站立如木马状，行走时，由于各关节屈曲困难，步态强拘，容易跌倒，且不能自行站立。躺卧时四肢伸直，有时呈现角弓反张现象。反刍、嗳气停止，瘤胃鼓气。呼吸急促，体温正常，心博亢进，瞬膜外露，瞳孔放大，鼻孔张开。对外界声、光、触摸等刺激较敏感，惊恐，出现全身性痉挛，最后因呼吸肌的强直痉挛窒息而死亡。

诊断：根据病牛症状结合创伤病史，很容易诊断。

预防：

1. 防止外伤感染。本病只有通过外伤感染，所以平时应加强管理，防止铁器等物品刺伤；去势、断脐或发生外伤时，应立即用碘酊消毒；在接产、助产过程中要严格消毒，使用合格的助产器械。必要时，可注射破伤风抗毒素1万~3万单位。

2. 预防接种。在经常发病的地区，每年进行一次破伤风抗毒素的预防注射，是最有效的预防方法。

治疗：

将病牛安置于光线较暗，干燥卫生，安静的牛舍里，减少外界刺激。冬季牛舍注意保暖，要给予优质易消化的饲料和充足的饮水，然后进行治疗。

1. 西药疗法

（1）消灭病原。找到病牛创伤部位，并将创内浓汁、异物、坏死组织及痂皮等消除干净。用1%高锰酸钾、5%～10%碘酊清洗消毒，局部可涂消炎药物。全身治疗应用青霉素100万～200万单位、链霉素1～2克，肌内注射，每天2次，连用3～5天。

（2）中和毒素。早期及时应用抗破伤风血清治疗。

（3）镇静解痉。氯丙嗪按药物说明书使用。

（4）病牛有酸中毒症状时，静脉注射5%碳酸氢钠液300～500毫升；不能饮食时，每天静脉注射5%葡萄糖生理盐水500～1000毫升。

2. 针灸疗法

火烙伤口、大风门穴；火针风门、三兔、百会、天关等穴位。初期放鹘脉血。

3. 中药疗法

（1）用"千金散"加减。天麻、荆芥、当归、川芎、乌梢蛇、羌活、独活、防风各30克，白附子、胆南星、全蝎、蝉蜕、蔓荆子、川乌各15克，蜈蚣10克，僵蚕25克，水菖蒲120克，生姜、大蒜各30克。水煎候温，加黄酒100毫升或烧酒50毫升，混合灌服。口服难咽时，用胃导管投服。适用于治疗前期病例。

（2）"天麻散"加减。黄芩、天麻、当归、党参、银花各30

克，僵蚕 20 克，乌梢蛇、胆南星、蝉蜕各 15 克，玄参、连翘各 25 克，全蝎、蜈蚣各 10 克。水煎灌服。适用于后期病例。

本书作者多年来，用上述方法共治疗牛破伤风病前期 160 多例，效果较好。

(四) 流行热

牛流行热是由牛流行热病毒引起牛的一种急性、热性传染病。病势迅猛，但多取良性经过，轻症者常在 2～3 天内即可恢复正常，又有"三日热"之称。但因大群发病，严重影响奶牛的产奶量，而且部分病牛常因瘫痪而被淘汰损失很大。

病原：为牛流行热病毒，存在于血液，呼吸道分泌物及粪便中。本病毒对外界环境的抵抗力不强，不耐酸和碱，不抗高温，对紫外线敏感，常用消毒药均可迅速将其杀死，但耐低温，在 -70℃ 低温下可以长期保持毒性。

流行特点：病牛是主要传染源。在自然条件下，可通过吸血昆虫叮咬，经皮肤感染传播，本病流行有明显的季节性。一般为 6～9 月的湿热季节，主要侵害 3～5 岁肉牛，奶牛、水牛和牛犊发病较少。传播迅速，一般为 3～5 年流行一次。

临床症状：常突然发病，病初 3 天体温升高达 40～42℃，精神沉郁，阵发性肌肉震颤，食欲废绝，反刍停止。眼结膜潮红、肿胀、流泪。鼻腔见黏液性分泌物，鼻镜干燥，粪便干硬，步态不稳，肌肉关节疼痛。呼吸急促，奶牛产奶量减少，大量唾液挂满嘴唇。妊娠牛流产，病程 3～6 天。

诊断：根据 6～9 月份发病季节、突然高热、呼吸和消化器官严重卡他性炎症、运动障碍"三日热"和呼吸困难等，可做出初步诊断。

预防：加强饲养管理，搞好清洁卫生，坚持消毒制度，杀灭吸血昆虫，防止叮咬

治疗：治疗本病无特效药物。

1. 西药疗法

（1）解热镇痛。30%安乃近肌内注射，每次 10~20 毫升，每天 2 次。

（2）兴奋呼吸。尼克刹米肌内注射，每次 10~20 毫升，每天 2 次。

（3）强心利尿，消除水肿。可静脉放血 1000~1500 毫升，同时缓慢吸入氧气；甘露醇注射液、樟脑、葡萄糖氯化钠注射液静脉注射。

2. 中药疗法：以祛风解表、清肺平喘为治疗原则。

方 1：用柴葛解肌散加减：葛根、荆芥、防风、秦艽各 50 克，羌活 40 克，知母、枳壳各 30 克、紫苏各 60 克，黄芩、柴胡各 60 克，甘草 20 克，水煎服，每天 1 剂，连服 3 剂即可愈。四肢跛行加木瓜，杜仲，肚胀加青皮，草果，枳实；咳嗽重加杏仁，栝蒌；口流泡沫清涎，鼻漏，末梢冰凉者加地榆炭 40 克、炒大黄 30 克、炒白芍 25 克；大便干加大黄，芒硝。

方 2：鲜马鞭草、紫苏叶各 250 克，用水煎灌服。

（五）巴氏杆菌病

牛巴氏杆菌病又称牛出血性败血症。是由巴氏杆菌引起的一种牛急性败血性传染病。以体温升高、肺炎、急性胃肠炎和浮肿及内脏器官广泛出血为特征。一般呈散发性，多发生于春、秋季节。潜伏期 2~5 天。

病因：本病通常因饲养管理不良；天气突变，贼风侵袭，受寒，饥饿；过劳或长途运输等原因而降低牛体抵抗力时，则此细菌大量繁殖，毒力增强，引发此病。

本病菌对外界抵抗力较弱，在 60℃ 20 分钟、70℃ 5~10 分钟即可杀死，在干燥空气中 2~3 天内死亡，在阳光直射和高温条件下立即死亡。一般消毒剂都可以在数分钟内迅速杀死本病菌。

流行特点：病牛和带菌动物是本病的传染源。病牛常通过其排泄物和分泌物往环境中散病菌，污染饮水，饲料，空气等，经牛消化道和呼吸道感染发病。皮肤，黏膜伤口或吸血昆虫叮咬也可感染。

临床症状：

急性型：患牛体温升高到 41～42℃，病牛食欲、反刍、泌乳停止，精神沉郁，呼吸粗粝，腹泻，粪便稀如水，带黏液或血，恶臭，腹痛。死亡快。

水肿型：在出现败血症的同时，头、颈及垂肉发生炎性肿胀并迅速扩展，肿胀部硬实、有压痛，头颈部不能随意转动，呼吸困难，出现急性角膜炎。常因窒息死亡。

肺炎型：比较多见，呼吸困难，疼痛性咳嗽，张口伸舌，鼻孔流出红色、黏液性鼻液，严重的腹泻，粪便带血或尿血。

肠炎型：侵害 1～2 岁牛犊，严重腹泻，粪便中带血，并有黏块，病牛消瘦。

剖检：脾脏一般不肿大。急性病例主要病变是咽喉部，颌下及胸前的皮下组织发生水肿。黏膜、浆膜有出血点。淋巴结肿胀。亚急性病例主要病变是纤维素性肺炎和胸膜炎。肺脏的发炎部分呈不同色彩（暗红、灰红、灰白）的病灶。胸腔中有大量带絮状纤维素的浆液，有时纤维素沉积在胸膜及肺膜的表面。

治疗：

1. 西药疗法

（1）抗出败多价血清，按说明书使用。

（2）刚发病牛，用痊愈牛的全血 500～600 毫升，慢速静脉注射。

（3）20% 磺胺嘧啶钠静脉注射或肌内注射，每日 2 次，连用 3～5 天。并结合抗生素增加疗效。

（4）0.5% 普鲁卡因加青霉素，在肿胀周围局部封闭治疗，效果较好。

2. 中药疗法

方1：玄参、麦冬、山豆根、连翘各40克，甘草、桔梗、白芷、栀子、金银花、黄芩、桑白皮各50克，黄连、杏仁、葶苈子各30克。水煎一次灌服。

方2：桔梗、防风、栀子、黄芩、甘草各25克，连翘、玄参、黄连、射干、荆芥、银花各30克，大黄、补硝各50克。水煎灌服。

预防：平时应加强饲养管理，防止寒冷侵袭，饲喂定时定量。牛舍用5%～10%漂白粉、10%生石灰乳等消毒药消毒。每年定期注射牛出血性败血病氢氧化铝菌苗，按说明书使用剂量使用。

（六）放线菌病

牛放线菌病是一种慢性传染病。本病菌在自然界分布很广，为零星散发。主要侵害颌骨、舌，特别是下颌骨而引起面部变形。多侵害1～5岁的牛。

病因：该菌主要存在于污染的土壤，水和禾本科植物穗的芒刺上，健康牛口腔和上呼吸道常带菌，常与齿垢混在一起。当换牙或采食粗糙带刺的饲料时，经刺破口腔黏膜而感染，或经破损的皮肤侵入。放线菌在干燥环境下抵抗力很强，在自然环境中能长期生存，但对热和化学药物抵抗力差，75～80℃5分钟将其杀死。一般消毒药均可达到消毒目的。对青霉素和碘都很敏感。

临床症状：上颌骨和下颌骨局部肿大，界限明显，肿块坚硬，不能移动，切开或自然破溃后，形成瘘管，不易愈合，有臭味。流出浓汁中混有黄色颗粒。咀嚼困难，初期有疼痛，后期无感觉。病牛逐渐消瘦。

诊断：本病症状特异，病变特殊，极易诊断。其确诊方法是取少量浓汁，用水稀释后置于平皿内，加水稀释，置于黑纸上观察，可见到黄色颗粒状的菌丝体聚积物。

预防：加强饲养管理，搞好饲料加工，应将有粗硬和芒刺的饲料加工调制后再喂。防止皮肤，黏膜发生损伤，对伤口要及时处理和治疗，以阻断感染途径。软组织和内脏器官的病灶较易治愈，骨质病变多为预后不良。

治疗：

1. 西药疗法

（1）外治法。可以采用外科手术对硬结进行切除或者烧烙，尤其是要对骨组织肿胀中心部位进行多次烧烙，效果较好。对瘘管要彻底切除，再纱布浸 5% 碘酊塞入孔内，24～48 小时更换 1 次。结节切除后，伤口撒布等量的碘仿与磺胺粉，再用 10% 碘仿醚或鲁格氏液于伤口周围注射。

（2）内治法。碘化钾内服。成年牛每次内服碘化钾 5～10 克，牛犊 2～3 克，溶于水中自饮，每日 2 次，连续内服 2～4 周。重症牛每 100 千克体重采用碘化钾 2～3 克，配成 10% 溶液，隔日注射 1 次，用 2～3 次。链霉素和碘化钾配合使用，对软组织肿及木舌病有效。

注意：用碘化钾治疗时，有可能发生碘中毒，症状为皮肤发诊、发痒、流泪、脱毛、消瘦、食欲不振等，可暂停用药 1 周。

2. 中药疗法

方组：忍冬花、连翘、蒲公英各 100 克，牛蒡子、白药子、黄药子、夏枯草、天花粉、山栀子、茜草各 50 克，白芷 30 克。水煎，分两次灌服。

3. 针灸疗法：通关穴放血。

（七）结核病

结核病是结核杆菌引起的人畜共患的慢性传染病。其最主要特征是病牛进行性消瘦，在体内各组织器官上，特别是肺部及淋巴结上形成结核结节，随后形成干酪样坏死或钙化的结核病灶。

病原：结核杆菌属抗酸菌类，革兰染色阳性。结核杆菌因含有丰富的脂类，所以对外界因素的抵抗力很强。但是对热抵抗力差，牛奶经巴氏消毒（65℃30 分钟）就可饮用。在 70% 的酒精、10% 的漂白粉中很快死亡。

传播途径：牛最易感染，尤其奶牛。病菌随结核病患牛的唾液，鼻分泌物，粪尿和乳汁排出体外，污染环境，并通过呼吸道和消化道传染给其他家畜。牛舍潮湿，卫生不洁，牛只拥挤，饲养管理条件差，与牛直接接触，高产牛由于种种原因造成体质下降等，均易促使本病的发生和传播。

临床症状：本病多呈慢性经过，因发病器官不同，其症也不一致。通常以肺结核居多。

肺结核：病变主要发生在肺脏，症状微轻时，有干咳猛咳，尤其在站立时，运动后及饮水时更易出现。随病程发展，患牛逐渐消瘦，易疲劳，咳嗽加重，表现痛苦，有时咳出黄灰色脓性分泌物，多咽下或从鼻孔流出。呼吸困难，被毛粗乱无光泽，食欲正常，咽后淋巴结肿大。

乳房结核：乳房淋巴结肿大，有硬块，乳腺萎缩，泌乳停止。

肠结核：粪便稀，常混有黏液或浓液。患牛采食后常发生慢性臌气。

生殖结核：性欲强，频频发情，发情周期紊乱。屡配不孕，孕牛易发生流产。

淋巴结核：体表下颌、咽、颈、肩前及腹股沟等淋巴结肿大、硬结，高低不平，无热无痛，不与皮肤粘连。

诊断：本病多为慢性发展，临床症状并不明显，如果发现牛逐渐消瘦，长期咳嗽，慢性乳腺炎，顽固性下痢或溃疡，可初步诊断为结核病。目前临床上常使结核菌素进行变态反应诊断。方法有皮内注射和点眼两种。

结核菌素诊断方法：

（1）结核菌素点眼法。一般点左眼，每头牛滴入结核菌素3~4滴，0.2~0.3毫升，点眼后3小时、6小时、9小时、24小时各观察反应一次。在观察时，应检查反应的性质，结膜的状态及分泌物的性状，并将观察到的反应具体记在记录表上。每次检疫需要点眼两次，第二次点眼应在第一次点眼后的2~7天进行，点眼反应的判定标准如下。

阳性反应：自眼角有黏液脓性分泌物流出，呈纽带状，并散布在眼睛的附近，或在结膜囊内以及眼角内呈粒状或线状，并有明显的结膜充血，水肿和流泪。

疑似反应：眼角仅有少量稠密的黏液性分泌物，积聚于结膜囊内或眼角处，或自眼角流出为粗线状，并无明显的结膜充血及水肿。

阴性反应：无反应，或只是结膜轻微充血，或流出少量的透明的浆液性分泌物。

两次点眼的综合判定，通常应按其中任何一次的最高反应为判定标准。

（2）结核菌素皮内反应。首先在左侧颈部中部的三分之一处剪毛，并以卡尺测量皮肤皱褶厚度，并详细记录以便对照。然后用结核菌素0.2毫升（3个月至1岁的牛0.05毫升，3个月以上的牛为0.1毫升）注射于皮肤内，并于注射后48~72小时各测量皮肤皱褶厚度一次，同时观察局部反应，判定标准如下：

阳性反应：局部发热，有疼痛感，并呈现界限不明显的弥漫性水肿，软硬度如面团或硬片，同时肿胀面积在35×45毫米以上，如上述反应不明显，而皮肤皱褶厚度增加到8毫米以上。

疑似反应：炎性水肿不明显，皮肤皱褶增厚 5～8 毫米或肿胀面在 35 毫米×45 毫米以下。

阴性反应：没有炎性水肿，或仅有不发热的，坚实和界限明显的皮肤肿胀。

在 72 小时观察后，判定为阴性和和可疑反应的牛，应在观察完毕时，立即在第一次注射的同一部位，用同一剂量作第二次注射。注射后应于 24 小时判定反应结果。必要时于 48 小时再观察一次。

两次皮内注射的综合判定，通常是按其中任何一次的最高反应为判定标准。

检疫后，将阳性反应的牛迅速隔离外，对所有疑似反应牛也要隔离，并于 35～45 天后，再作皮内或点眼检查，其结果仍判定为疑似反应时，可继续隔离观察。

治疗：阳性牛应该淘汰。但价值珍贵良种牛应给予药物治疗。

1. 西药治疗

（1）异烟肼。其杀菌力强，毒性小，能长期用药。对症状较轻的病牛用异烟肼每天 3～4 克，分 3～4 次混于少量精料内喂服，3 个月为一个疗程，可连续用药 2 个疗程。

（2）症状重的牛，每天用异烟肼 1～2 克，口服。链霉素 3～5 克，肌内注射，隔天 1 次。

（3）异烟肼口服 1～2 克，对氨基水杨酸钠 4～6 克，肌内注射或每天 80～100 克分 2 次口服。

（4）利福平，成牛每天 6～10 克，分 2 次口服。

2. 中药治疗

方剂：地骨皮、花粉、连翘、山药、党参、黄精、当归、夏枯草、白及各 40～50 克，炙杏仁、百部、炙甘草各 30 克，共研细末，开水冲调，加蜂蜜 200 克为引，灌服。连用 8～12 剂。

预防：

（1）严格检疫，病牛隔离。每年对牛场进行检疫，为了查处病牛，最好用结核菌素进行三次连续检疫。第二次检疫在第一次检疫后30~45天，第三次检疫在第二次检疫后75~90天。如果第三次检疫已无阳性牛检出，经一年后再进行检疫。检出的阳性牛，立即隔离。外购牛必须就地检疫，运回后再隔离1~2个月，隔离期间进行检疫，确认阴性者方可混群。

（2）注意搞好消毒。每年牛场进行2~4次预防性消毒，消毒药常用2% ~4%的热火碱水。环境消毒用5%石炭酸溶液、4%氢氧化钠溶液对结核杆菌的作用最好。

（3）培育健康牛犊。阳性牛产的牛犊，产后立即与母牛分开，头7天喂初乳，以后改喂健康或消毒牛乳，饲具要严格消毒。牛犊应在20~30天，100~120天，6个月龄期间三次检疫呈阴性方可入群。不允许患有结核患者饲养牛。

（八）病毒性腹泻——黏膜病

该病是由病毒引起的牛急性发热性传染病，也叫黏膜病。以腹泻、口腔及食道黏膜发炎、糜烂为主要症状。各种年龄的牛都易感染，慢性和隐性感染很多。一年四季都可发生，冬春季为高发季节。

病因：长途运输或频繁迁移，而致使牛过度疲劳和不适应新环境，机体抵抗力下降。气候潮湿季节管理不当，室内阴冷或气候突变、寒流等引起此病。

流行特点：自然感染的潜伏期为7~10天左右，本病以直接或间接接触方式传播。急性阶段病牛的分泌物及排泄物中含有病毒，主要通过污染的饲草，饲料或饮水经消化道感染，也可通过呼吸道飞沫及胎盘或饲养用具传播。

临床症状：临床表现有急性和慢性两种。

（1）急性型：多见于2岁以内牛犊，死亡率也高。病初，上呼吸道症状明显，体温40～42℃，流鼻液、咳嗽、流涎、呼吸急促、厌食，随后出现水样腹泻、恶臭，可持续几天或几周，以后逐渐变稠，混有黏液及小气泡。鼻镜干裂，表皮脱落，常伴有蹄叶炎及趾间皮肤糜烂坏死，并跛行，成年牛症状轻重不同，引起孕牛流产、泌乳牛停产等。

（2）慢性型：病牛跛行、球关节发红肿胀、蹄壳充血、蹄壳变长弯曲，类似腐蹄病，间歇性腹泻，食欲正常，但是消瘦。

治疗：

1. 西药疗法

（1）输液：用复方氯化钠、葡萄糖注射液加强心剂、维生素C及抗生素、辅酶A等辅助药进行全身治疗。

（2）大量饮用口服补液盐。

2. 中药疗法

（1）湿热泄泻。症见高热，腹泻，粪便恶臭或带血，并有大量黏液和气泡，流涎流涕，黏膜充血糜烂，结膜红，脉数滑。宜清热解毒、利湿健脾。

方用葛根芩连汤合参苓白术散加减：葛根、黄芩、扁豆各60克，党参、白术、茯苓、炙甘草、山药各45克，莲肉、桔梗、薏苡仁、砂仁各30克，黄连、丹参、地榆各20克，水煎灌服。

（2）脾虚泄泻。症见病程日久，身瘦吊吊，食欲不振，间歇腹泻，发育不良。治宜健脾止泻。方用补中益气加减：炙黄芪90克、党参、白术、当归、陈皮各60克，炙甘草45克，升麻、柴胡、神曲各30克，水煎灌服。

（3）外治。对于口、舌等黏膜的糜烂，可用冰青散涂搽：冰片12克、青黛9克、皮硝30克、薄荷6克、滑石60克，研细末用蜂蜜调匀涂搽。或用硼砂、山豆根、贯众、滑石、寒水石、海螵蛸各等份，共研为细粉，用蜂蜜调匀涂搽患处。

（九）气肿疽

本病常发于干旱炎热季节，或山洪泛滥之后，或低洼潮湿地域。气肿疽菌。为厌氧菌，革兰阳性。在体内外均能形成芽孢，芽孢在土壤中可存活数年。

传播途径：3~4月龄牛最易感染。主要传染源是被芽孢污染的水源及草场。经消化道感染，吸血昆虫（虻）也能散播感染。

临床症状：本病潜伏期一般为3~5天。最短1~2天，最长7~9天。病程急剧，体温骤升到41~42℃。患牛精神萎靡，脉搏微弱频数，食欲减退，反刍减少或停止。在臀部，腰部，股部，颈部等肌肉丰满处迅速出现肿胀，最初肿胀部位有热痛感，而后变冷而无痛感，有时肿胀部位皮肤呈现紫黑色。由于水肿部位产生气体，所以按压时呈捻发音，经常并发牛跛行或卧地不起之症。呈现上述症状后，多数短期内死亡。如果治疗及时，可以恢复健康。

诊断：根据流行特点和临床症状，即可确诊。

预防：发生过本病的地区，每年春季为牛注射气肿疽菌苗。

（1）检查牛群，隔离治疗。对牛群进行检查，健康牛立即注射气肿疽菌苗。可疑牛应单独隔离观察，或者皮下注射抗气肿疽血清15~20毫升，过14天以后，再注射气肿疽菌苗。检出病牛后，隔离治疗。立即对牛舍用4%甲醛溶液（25~30℃），10%碱水（70~80℃），10%硫酸石碳酸合剂（70~80℃），或20%漂白粉消毒。

（2）可疑被污染的水源和草场，要在易感家畜普遍注射气肿疽菌苗后方可使用。

（3）病牛尸体及被污染的垫草等应焚烧或深埋。

（4）不到低洼地带放牧，排出湿草场积水。

治疗：

1. 西药疗法

（1）肌内或静脉注射抗气肿疽血清 150～200 毫升，必要时隔 12 小时再重复注射一次。

（2）青霉素 100 万～200 万单位，肌内注射，每天 2～3 次。

（3）病牛便秘时，可服芒硝 500～800 克或者硫酸镁 500 克，加水 1 万毫升。由于患气肿疽病牛出现全身中毒症状比较严重，所以在治疗中要注意强心，解毒。

2. 中药疗法

方 1：当归，赤芍，连翘各 50 克，双花 100 克，甘草 15 克，蒲公英 200 克。共为末，开水冲调，候温灌服。

方 2：紫草 100 克，黄柏、白芷、枝子、甘草、黄芩各 50 克，黄连 30 克，升麻（焙焦）20 克。共为末，开水冲，候温灌服。

（十）传染性胸膜肺炎

牛传染性胸膜肺炎病原体主要存在于病牛的肺组织。胸腔渗出液和气管分泌物中。对外界环境和消毒药抵抗力很弱。

传播途径：牛很易感。健康牛与病牛接触，经呼吸道感染。有些临床症状消失的牛，在 2～3 年体内仍带有病原并散播传染。在老疫区本病多呈隐性或慢性感染，零星散发。

临床症状：一般为 2～8 周，长的可达 4 个月。发病初期，临床症状不明显，体温升高，达 40～42℃，在起立，饮水，或者吸入冷空气时，出现短而干的痛咳。随病程的发展咳嗽加剧。体温始终处于高热状态。患牛呼吸困难，重压肋间有疼痛感，病牛不愿趴下，呈腹式呼吸。有时鼻腔流出浆液性或脓性鼻液。如果肺部病变面积较大，或有大量积水时，叩诊呈浊音，听诊常有啰音，支气管呼吸音和胸膜摩擦音。患病后期，胸前，腹下和肉垂发生水肿。腹泻和便秘交替发作。迅速消瘦，多因窒息死亡。

剖检：牛传染性胸膜肺炎主要病变在肺脏和胸腔。剖检可见肺呈纤维素性肺炎，有坏死灶，切面呈大理石状，胸膜发炎，肥厚，胸膜上有纤维素性渗出物，常与肺粘连。胸腔中有透明或浑浊的液体，或混有絮状纤维素。

预防：在老疫区，每年全面定期接种牛肺疫兔化弱毒苗。在牛肺疫暴发区，对病牛隔离治疗或捕杀。其余牛全部进行疫苗接种。用 3% 来苏儿，10% ~20% 石灰乳对牛舍，用具进行消毒。不从疫区买牛。

治疗：尽早发现治疗，但是仍长期带菌，应继续隔离饲养，防止散播传染。

1. 西药疗法

（1）新胂凡纳明。每千克体重 10 毫克。用 5% 葡萄糖 500 毫升注射液溶解，静脉注射，5 天后重复用药 1 次。

（2）硫酸链霉素。10 万单位/千克体重，配合青霉素 2 万 ~5 万单位/千克体重，肌内注射，每日 2 次。

（3）地塞米松磷酸钠。0.25 ~0.5 毫克/千克体重，配合利巴韦林 15 毫克/千克体重，混合肌内注射，7 天为一个疗程。

2. 中药疗法

郁金 40 克，当归、制乳香、制没药、延胡索、黄芩、丹皮、花粉、青皮、白芍各 30 克，连翘 40 克、柴胡 20 克、甘草 15 克。共为末，开水冲调，候温灌服。每天 1 剂，连用 5 ~6 剂。

出现胸水时，减去柴胡、甘草、花粉，加泽泻、猪苓、木通各 30 克；心脏衰弱时，减去郁金、黄芩，加党参 50 克；久病体虚无力而消瘦时，减去郁金、黄芩、花粉、柴胡、青皮，加党参 40 克、黄芪 50 克、白术 30 克。

（十一）流行性感冒

病因：本病由牛流行性感冒病毒引起。多发生于潮湿，多雨，气候突变的时期，传染迅速。黄牛感染率高，水牛较少感染。

临床症状：本病潜伏期很短。一般是突然发病，患牛食欲减退或停止，精神沉郁。结膜潮红，流泪，眼角附着黄白色黏液或脓性分泌物。鼻腔流出浆液性或者污黄色脓性鼻漏。体温升高到40～42℃，但四肢下部，尾尖，耳尖等部发凉。呼吸浅表，次数增多，听诊肺泡呼吸音粗励。脉浮赠数。瘤胃蠕动减弱。粪便初期干燥，后下痢。患牛后肢无力，运动不灵或者跛行，卧地不起。

治疗：

1. 西药疗法

（1）肌内注射百尔定20～40毫升，阿尼利定20毫升，静脉注射5%葡萄糖生理盐水1000～2000毫升，必要时注射强心剂。

（2）为防止并发症，可注射青霉素100万～150万单位，每天2次。

2. 中药疗法

柴胡、薄荷各30克，大黄100克、芒硝150克，山栀、寸冬、黄芩、地龙、花粉各40克，紫苏、芜活、独活各25克，生草20克。共为末，加蜂蜜半斤，开水冲调，候温加鸡蛋清三个，通便两盅为引，一次灌服。

预防：对牛群健康检查。牛舍干燥卫生，用5%漂白粉溶液或3%土碱石灰溶液消毒。土碱石灰溶液配方：100斤水加土碱3斤，石灰5斤。将病牛隔离治疗。

本病为良性经过，如果不发生并发症，一般2～3天或5～7天痊愈。对病牛要精心护理，防止并发肺炎，出血性败血症及胃肠炎。

三、牛寄生虫病

（一）肝片吸虫病

牛肝片吸虫病是由肝片吸虫引起，也叫肝蛭病，其主要特征为急性或慢性肝炎和胆管炎。

流行特点：本病的发生由于受中间宿主椎实螺的限制而有地区性，易在低洼地，沼泽地流行，特别是在久旱逢雨的温暖季节，常促成爆发性流行。我国北方常在夏季感染，而南方气候温和，全年都可感染，但以夏、秋季节较多发。

临床症状：虫体寄生少的牛，往往不表现症状，虫体达到一定数量时就会出现症状，可分为急性和慢性两种类型。

急性型：牛犊多见。表现为精神沉郁，体温升高，食欲减退，走路蹒跚，腹泻、贫血，肝区敏感，肝半浊音区扩大。

慢性型：实践中最为常见。主要表现为消瘦、贫血、颌下、胸前和腹下水肿，消化功能障碍，食欲减退，消化不良、被毛粗乱，伴有腹泻或便秘。怀孕牛流产或出现产后瘫痪。

治疗：

1. 西药疗法

（1）硝氯酚。硝氯酚片按每千克体重3~4毫克，一次口服；硝氯酚针剂，按每千克体重0.5~1.0毫克，深部肌内注射。适用于慢性病例。

（2）硫氯酚：按每千克体重40~50毫克，配成混悬液，一次口服。用药后可出现短时间的拉稀、食欲减退现象，但很快可自行恢复。

（3）肝蛭净：按每千克体重10~15毫克，一次口服。

（4）阿苯达唑：按每千克体重20~30毫克，一次口服。

2. 中药疗法

方用驱虫健胃散：槟榔80克，使君子、茯苓各50克，陈皮、黑梅、甘草各30克，白术、山楂各40克。水煎服，一天1剂，连服2~3剂。

3. 民间疗法

（1）槟榔10~70克，龙胆草20~40克。共研细末，温水冲调。牛一次灌服。

（2）贯众 155 克，煎汁适量。牛一次罐服。

（3）贯众 9～35 克，硫磺 10～30 克，水煎去渣，用米酒 250 毫升，给牛一次冲服，每日 1 剂，连用 2 天。

预防：

（1）定期驱虫。在疫区每年应在春、秋两季各驱虫 1 次，南方地区，由于全年都可感染，所以每年应进行 3 次驱虫。

（2）粪便无害化处理。牛粪应堆积起来，进行发酵处理，或喷洒 2% 敌百虫液，以杀死虫卵。驱虫后的粪便尤应注意发酵。

（3）消灭中间宿主。灭螺是预防本病的重要措施。填平草场低洼的沼泽，池塘，消灭椎实螺的孳生地；也可用氨水，氯硝柳胺等药物灭螺。

（4）安全放牧。到地势高燥放牧地放牧，不要到地势低洼处放牧，不到过水草地放牧。舍饲时不要割水草喂牛。

（二）球虫病

牛球虫病是由寄生在直肠的艾美尔球虫引起的原虫性疾病。寄生在大肠中的球虫发育成卵囊，排出体外后发育成侵袭性卵囊，牛食入此卵囊被感染。

流行特点：一般发生于春、夏、秋季节，特别是多雨年份和季节，低洼潮湿的牛舍和牧地更易引起感染，潜伏期为 2～4 周，各种品种的牛都易感染，主要侵害 6～12 月龄牛犊，其发病率和死亡率较高，老龄牛多为带虫感染。

临床症状：一般为急性过程，以出血性肠炎为主要特征。病初牛精神沉郁，喜欢趴卧，腹痛、食欲下降，发病 5 天左右体温升高至 40～41℃，症状加剧，粪便恶臭。开始粪便内混有血液，几天后几乎全部是血便并混有黏膜碎片。有些牛犊下痢、贫血、消瘦死亡，病程约半个月左右。

治疗：

1. 西药治疗

（1）氯丙林。按每千克体重 20~25 毫克，口服，每天 1 次，连用 5~7 天。

（2）磺胺二甲氧嘧啶。按每千克体重 0.1 克，口服，每天 1 次，连用 7 天。

（3）鱼石脂 20 克、乳酸 2 毫升，加水 80 毫升混匀。每日 2 次，每次 10 毫升口服，或鱼石脂 20 克，溶于 100 毫升米汤中，每日口服 1 次。

2. 中药治疗

方组：黄柏、槟榔、白头翁、马齿苋各 30 克，愧化、黄连、地榆炭、诃子、五倍子、木香各 20 克，甘草 15 克。水煎服。

预防：

（1）按照牛年龄和体重大小不同分群饲养。成年牛多为带虫者，应与牛犊分开饲养和放牧。

（2）挤奶或哺乳前洗擦干净母牛乳房，防止感染。

（3）搞好卫生和消毒。每天及时清理舍内粪便和垫草，保持地面清洁干燥，用 3% 热烧碱水对地面、牛栏、饲槽等进行消毒。粪便堆积发酵处理。

（4）发现病牛立即隔离治疗。

（5）加强饲养管理。饲料多样化，增加营养，不要突然变更饲料，变更饲料要逐渐进行，做好防寒保暖工作，增强机体抵抗力。

（三）前后盘吸虫病

牛前后盘吸虫病是指由于大量前后盘吸虫的童虫寄生于牛皱胃、小肠和胆管，引起以腹泻、消瘦等为主要症状的寄生虫病。当较多童虫寄生于皱胃、小肠和胆管时，可引起严重疾病，甚至引起牛只批量死亡，造成很大经济损失。

临床症状：病牛出现顽固性腹泻，粪便腥臭难闻，食欲减退，患牛消瘦，贫血，下颌和身体下垂部水肿，严重者常造成死亡。

治疗：

1. 西药疗法

硫氯酚，按每千克体重 40～50 毫克，配成混悬液，一次口服。

2. 土法治疗

（1）取蜂蜜 120 克，黄泥水 2 克，麻油 500 毫升，混合灌服。

（2）红糖 90 克，化水灌服，1 小时后灌服 20% 澄清生石灰水 1 升，如果有寄生虫，12 小时后即可在粪中发现虫体。

（3）白砂糖 500～1000 克，禁食 1 天后化水灌服。

预防：

1. 定期驱虫。每年在春、秋两季各驱虫 1 次。

2. 粪便处理。粪便应堆积进行发酵处理，或喷洒 2% 敌百虫液，以杀死虫卵。驱虫后的粪便尤应发酵处理。

3. 安全放牧。不要到地势低洼放牧地带放牧，不放过水草，不割水草喂牛。

（四）牛犊新蛔虫病

牛犊新蛔虫病是由牛新蛔虫寄生于 6 月龄前的牛犊小肠，引起肠炎，下痢，腹部膨大和腹痛等症状的一种寄生虫病。本病以肉牛与水牛多见。

牛犊新蛔虫卵对消毒药物抵抗力很强，2% 甲醛对该虫卵无影响，温度在 29℃ 时，虫卵可在辽克林或 2% 来苏尔中存活 20 小时。但是，该虫卵对阳光的直射的抵抗力较弱，在阳光的直射下 4 小时可全部死亡。温、湿度对虫卵影响比较大，虫卵适宜的温度时 20～30℃，潮湿的环境有利于虫卵的发育和生存，当相对湿度低于 8% 时，感染性虫卵的生存和发育受到严重影响。

临床症状：患病牛犊精神不振，不愿行动；继而出现消化不良，食欲减退并腹泻症状，消瘦快；继而并发细菌感染时则出现肠炎，血便，而且粪便带有特殊的臭味。后期病牛犊肌肉迟缓，四肢无力，站立不稳。当虫体大量寄生时可能导致肠阻塞或肠穿孔，引起死亡。

诊断：根据牛犊患病临床症状，结合死亡牛犊剖检在小肠内找到成虫或在血管、肝肺脏内找到幼虫，即可做出确诊。

治疗：

1. 西药治疗

（1）阿苯达唑。10～20毫克/千克体重，一次口服。

（2）左旋咪唑片剂。7.5毫克/千克体重，一次口服。

（3）伊维菌素。按千克体重0.2毫克，皮下注射。

2. 中药治疗

方组：使君子、苦楝皮各48克，神曲、贯众各30克，槟榔、雷丸各24克，前5味药共煎汁，再放入雷丸，分2次灌服。

预防：

（1）定期驱虫。牛犊应于1月龄和5月龄各进行一次驱虫。

（2）加强饲养管理，舍内卫生清洁、干燥，及时清除粪便。并对粪便堆积发酵处理，并喷洒1%敌百虫溶液，彻底灭虫。

（五）皮蝇蛆病

牛皮蝇蛆病是指由牛皮蝇和蚊皮蝇的幼虫寄生于牛的皮下组织所引起的一种慢性疾病。其主要症状是背部皮下出现明显的硬肿。常导致病牛的皮革质量下降，产奶量降低和牛犊发育不良等，给养牛业造成巨大的经济损失。

临床症状：病牛瘙痒不安或局部疼痛，消瘦，贫血，肉、皮质量和产奶量下降，严重者局部发生血肿或皮肤蜂窝组织浸润，皮肤隆起，粗糙不平。

诊断：根据背部皮肤上的硬节、小孔和结缔组织囊内找到幼虫，即可确诊。

治疗：

1. 西药治疗

（1）皮蝇硫磷。制成丸剂内服，100毫克/千克体重。

（2）伊维菌素。200微克/千克体重，皮下注射。

2. 民间治疗

（1）白酒注射法。在幼虫寄生部位的周围，用60度白酒做点状注射，1次即可杀死皮蝇幼虫。或针刺寄生部位，再涂搽白酒。

（2）蒲芦茶法。葫芦茶60克，陈石灰15克，捣烂于患处。或蒲芦茶500克、鳊鱼1条，煎水灌服。

预防：

（1）在夏季牛皮蝇雌虫活动期间，每半个月用2%敌百虫溶液给牛喷雾，可杀灭90%以上的成蝇虫体。本法效果最好。

（2）在牛皮蝇幼虫成熟的末期，从增大的皮肤孔中看到幼虫的后端，用消毒过的铁丝挑出幼虫杀死；或将敌百虫注入每个肿胀处，效果良好。

（六）线虫病

牛线虫病分为：牛胃肠线虫病、牛肺线虫病与牛眼线虫病。

牛肺线虫病是由网尾线虫寄生于牛的气管和支气管中所致。

牛胃线虫病种类多，有捻转血矛线虫、钩虫、结节虫、阔口圆虫和鞭虫等，它们可单独感染，也可混合感染。虫体随粪便排出体外，在适宜的温度、湿度下发育为感染性幼虫，牛采食时将其吞入而引起感染。

牛眼线虫病是由吸吮线虫寄生于眼结膜与第三眼睑所致。

临床症状：由于感染部位不同，临床症状各异。

牛胃肠线虫病：感染强度低时，其临床症状并不明显；感染严重时，可见牛食欲减退，毛焦体瘦，可视黏膜苍白，贫血，颌下，胸腹下水肿，腹泻带血，或便秘与腹泻交替出现。

牛肺线虫病：轻度感染时，症状多不明显；感染严重时，病牛体温达40.5~42℃，阵发性咳嗽，气喘，鼻流黏涕。

牛眼线虫病：患病牛结膜潮红，流泪和角膜混浊。严重时眼内流出脓性分泌物，上、下眼睑黏合，角膜溃疡或糜烂，甚至发生穿孔，最后导致失明。病牛食欲不振，极度不安，摇头，并在其他物体上摩擦眼部。有时虫体游动到眼球表面，极易发现。最常发生于秋季。

预防：每年春、秋两季对牛群定期进行药物驱虫。对牛粪便进行发酵处理，消灭或尽量减少线虫虫卵的发育与昆虫的传播。

治疗：

1. 西药治疗

（1）伊维菌素。为高效广谱驱线虫药。按每千克体重0.1~0.2毫克，内服，或按每千克体重0.2毫克剂量，皮下注射。

（2）左旋咪唑。为广谱驱虫药，对吸吮线虫、胃肠道线虫、肺线虫等多种线虫有驱除作用。按每千克体重8毫克，内服。也可按每千克体重4~5毫克剂量，皮下或肌内注射。

2. 中药治疗

（1）寒湿困脾。患牛症见头低耳聋，四肢沉重，倦怠喜卧，食欲不振，不欲饮，粪便稀薄，排尿不爽，口腔黏滑，口色青白或黄白，脉相迟细。治宜温中燥湿、健脾利水。

方用胃苓汤加减：苍术60克、泽泻45克，厚朴、陈皮各40克，甘草、大枣各20克，猪苓、生姜、茯苓、白术各30克，桂枝25克。水煎候温灌服。

（2）湿热腹泻。患牛症见发热、粪便色发黑恶臭，粪便里混有血液，里急厚重，食欲废绝，反刍停止等。治宜清肺化痰、凉血止痢。

方用白头翁汤加减：白头翁45克，黄连、广木香各25克，秦皮、炒槐米、地榆炭、仙鹤草、炒枳实各30克，水煎灌服。

（3）肺热伤阴。患牛症见发热，阵发性咳嗽，气喘，鼻翼扇动，流黏性鼻液，粪干尿少，口干潮红，脉相细数。治宜清肺化痰、滋阴平喘。

方用清肺散加减：板蓝根90克、葶苈子60克，浙贝母、百合、生地黄、玄参、桔梗各45克，甘草、麦门冬、白芍、当归各30克，将上药共研为未，开水冲调，加蜂蜜100克为引，灌服。

（4）肝火上炎。患牛症见畏光流泪，眵多翳障，瘙痒不安，视物不清，结膜潮红，角膜混浊，或眼流脓性分泌物，上、下眼睑黏合，角膜糜烂或溃疡，甚至发生穿孔，最后导致失明，粪干，尿赤黄，口红色鲜，脉象弦数。治宜清肝泻火，散瘀消肿。

方用防风汤加减：防风、黄芩、荆芥各30克，没药、石决明、草决明、龙胆草、黄柏、知母各24克，黄连、青葙子各18克，甘草、蝉蜕各15克，水煎分2次，加蜂蜜60克、鸡蛋清4个，一次灌服。翳甚加木贼草、菊花各30克。

（七）牛虱病

牛虱病是由牛吸血虱寄生于皮肤，严重时可产生奇痒、皮炎和脱毛为特征的一种病症。

病因：由于饲养管理条件不好，环境卫生不清洁，又有传染源存在的牛群多发。

临床症状：牛吸血虱在吸血时，分泌含有毒性分泌物的唾液，刺激神经末梢引起牛发生痒觉，使牛不安，并在其他物体上蹭擦，从而造成皮肤损伤，续发细菌感染。有时皮肤出现小结节和小溢血点。严重者可引起皮肤发炎，脱毛或脱皮，病牛消瘦。牛犊发育不良，舔舐患部，或见食毛癖，在胃内形成毛球，造成食欲减退及消化功能障碍。

诊断：根据临床症状，在患部发现病原体即可作出诊断。

治疗：

1. 西药疗法

（1）敌百虫。以2%敌百虫溶液喷洒病牛体表，10~15天后重复1~2次，即可根治。

（2）伊维菌素。按每千克体重0.1~0.2毫克，一次口服；或按每千克体重0.2毫克，皮下注射。

2. 土法疗法

（1）烟丝500克，以50度白酒500毫升浸泡4小时，用酒汁涂搽患部。

（2）鲜山苍叶500克，鲜桃叶1500克，捣烂加腌菜卤，涂搽患处，每日2次，连用3天。

（3）把百部30克放入50度白酒500毫升中，浸泡1日后用药酒涂搽患部。

（4）百部烟叶散。百部、烟叶各60克，苦楝皮、石榴皮各30克，共研为末，撒布患处，每日1次。

预防：平时加强饲养管理，搞好环境卫生，保持牛舍通风干燥，定期对牛舍及周围环境经常进行灭虫和消毒。对新引入的牛群，应隔离观察并检疫，确定无病后，方可进入健康牛群，并进行预防性灭虱。

（八）疥螨病

疥螨病也称疥癣病或"癞"，是由疥螨和痒螨引起。以剧痒，湿疹性皮炎，脱毛和具有高度传染性为特征。可分为：穿孔螨虫病、吸吮螨虫病、食皮螨虫病三种类型。

流行特点：本病多发于秋、冬季节，此时阳光不足，皮肤表面湿度大，适合螨虫的发育与繁殖。牛犊皮嫩，最易感染此病。

临床症状：其临床症状可因病原种类和数量不同而异，一般在感染后2~4周表现初期症状。

（1）穿孔螨虫病。患牛最初表现是皮肤剧痒，病牛不断蹭墙、树木和栏杆等物体，随后皮肤表面出现小结节，水疱，破溃后结痂。脱落的被毛与痂皮分泌物黏在一起，使皮肤呈光秃多皱状。牛舍越温暖，剧痒越严重，从头颈部逐渐蔓延至肩部，背部及全身，靠近乳房或阴囊的大腿内侧，耳根部和四肢等，也均可发生。皮肤逐渐变厚，其上有许多龟裂，流出恶臭的分泌物。年老衰弱牛受害面积较大，病程较长的病例，营养状况日渐不良。

（2）吸吮螨虫病。患牛表现为奇痒，病牛常用舌舔舐患部或倚在墙壁、树木、柱栏等处摩擦。先出现粟粒乃至黄豆大的结节，以后变为水疱和脓疱，破溃后形成黄色脂肪样痂皮，皮肤皲裂，增厚，失去弹性。多见于长毛部或内股阴部和乳房等处，随后可蔓延至躯干及四肢，严重时可遍及全身。

（3）食皮螨虫病。表现为奇痒，发炎，常产生粉状沉积物。其主要侵害肛门，尾根周围的皮肤或两侧的小窝，有时也见于四肢。

诊断：根据流行病学结合临床症状调查，即可做出诊断，也可用下列方法进行虫体检查。

（4）直接检查法。用刮刀刀刃蘸上液状石蜡油或50%的甘油水，在患部与健康部交界处刮去皮屑，用力刮到出现血迹，将刮下的皮屑置于载玻片上，滴加1滴10%苛性钠液，于低倍显微镜下检查虫体。

（5）温热检查法。将刮取的病料置于45～60℃热水里20分钟，然后放于平盘内，在显微镜下寻找虫体。检查痒螨时，可将病料置于平盘中，盖黑布后加盖，倒置于热水杯上20分钟，然后观察黑布上有无螨虫爬动。

（6）集虫法。取病料适量，加10%苛性钠液或苛性钾液，加热煮沸，待病料基本溶解后静置，弃去上清液，取沉渣镜检。

治疗：

1. 西药疗法

（1）敌百虫。2%敌百虫溶液涂擦患部，每次用量不得超过10克，防止中毒。患部面积大时，应先重后轻，分数次治疗，每次间隔2~3天。

（2）伊维菌素。按药物说明书使用。

2. 中药疗法

（1）狼毒硫疏散。狼毒500克、硫黄150克、（煅）、白胡椒45克（炒），共研细末备用。用时取药30克，加入烧开的植物油700毫升，搅匀放凉，用毛刷涂擦患部。

（2）蛇床硫疏散。蛇床子60克，硫黄、花椒、木鳖子、大枫子各30克，食盐15克、水银6克，胡桃仁100克，共研为细末，用棉籽油调匀，涂擦患部。

预防：加强饲养管理，牛舍要宽敞，透光，通风良好，干燥，保持牛舍和牛体卫生清洁。对牛舍，用具和舍外环境定期消毒。发病牛必须进行隔离饲养，及时治疗，治愈后的病牛应继续观察20天，如未再发，再一次用杀虫药处理后方可合群。引入牛，应隔离观察，确定无螨病后并入健康群。每年夏季应对牛进行药浴，是预防慢病的主要措施。饲养管理人员，要注意消毒，以免通过手、衣服和用具散布病原。

四、牛产科病

（一）乳腺炎

乳腺炎是牛特别是奶牛的一种常见多发病。表现乳腺叶间结缔组织或乳腺体发炎，或两者同时发生炎症。引起乳腺炎的病原微生物很多，但其中主要是链球菌、葡萄球菌、大肠杆菌和绿脓杆菌。

病因：引起乳腺炎的诱因很多，但主要是平时饲养管理不良和挤奶操作不当所引起。

在管理上，牛舍内外不定期消毒或消毒效果不好；通风不良，舍内潮湿；卫生不洁，粪尿不及时清除；垫草不及时更换等。机械性造成乳头、乳房外伤，以及吸血昆虫等媒介传播进入乳房等，都可以引发此病。

在挤奶上，没有严格执行挤奶操作规程，清洗乳房所用水不清洁，挤奶前后乳头未进行药浴等；人工挤奶动作不当，奶汁未挤干净。机器榨奶电压不稳，负压过高，抽吸频率不稳而使泌乳管道上皮受到损伤，机器榨奶时压力不妥当，可造成乳房及乳孔括约肌的机械损伤，病原菌趁机侵入，引起此病。

症状：乳腺炎在临床上一般分为急性乳腺炎、慢性乳腺炎和隐性乳腺炎三种。

（1）急性乳腺炎。患病牛乳房不同程度的充血，增大，发硬，温热和疼痛，泌乳减少或停止。乳汁最初无明显变化，此后变稀薄，乳汁里常混有絮状物，重症时，乳汁呈黄色水样。病牛精神沉郁，食欲减退或者废绝，反刍停止，体温升高，呼吸加快和心跳加快，眼结膜潮红，眼球下陷，起卧比较困难，有时因乳房疼痛不愿卧下而常站立，急剧消瘦。

（2）慢性乳腺炎。患病乳区组织弹性降低，僵硬，泌乳量减少。乳汁不同程度地发黄和浓稠，无明显全身症状。

（3）隐性乳腺炎。无临床症状，其乳房和乳汁眼观无异常。然而乳汁在理化性质，细菌学和体细胞计数上发生变化，如乳汁的 pH 在 7.0 以上，偏碱性，体细胞增加至每毫升 50 万个以上，细菌数也增加等，同时奶产量降低。

诊断：临床型乳腺炎因临床症状比较明显，可立即做出诊断，但隐性乳腺炎则要通过其他诊断方法进行诊断，如 CMT 法和体细胞计数法。

治疗：

1. 西药疗法

（1）患牛发病初期，用冷水或冰敷患部 30 分钟左右，24 小时后，改用热敷或涂以鱼石脂软膏或碘软膏。脓肿波动时需切开排脓。向乳池内注入有抑菌或杀菌作用而没有刺激性的药物，是治疗乳腺炎的好方法。操作过程是先用温水洗净乳房，并由上向下进行按摩，使输乳管里的絮状物和凝块全部排入乳池，全部挤净，而后将乳导管轻轻插入乳头，向乳池内注入药物，注入后用手指捏住乳头基部，轻轻向上按摩，使药液向上扩散。常用药物有青霉素液、青霉素与链霉素溶液混合液。不论哪种药物，都要 24 小时注入一次，连用 3 次。伴有全身症状时，可进行肌内注射青霉素和链霉素。

（2）青链霉素疗法。青霉素 80～160 单位，链霉素 0.5 克，蒸馏水 30～50 毫升，向患病乳室内灌注。注入后，按住乳头孔轻轻揉动乳房，每日 2～3 次。

（3）盐酸普鲁卡因。1% 盐酸普鲁卡因 20 毫升，青霉素 80 万单位，溶解后，用 16 号 6.7 厘米（2 寸）针头呈 45 度角刺入交巢穴内 4 厘米处注入。每日 2 次，连用 2～4 次。适于急性乳腺炎治疗。

2. 中药疗法

（1）急性乳腺炎治疗

"苦蒌牛蒡汤"，随证加减。瓜蒌 60 克、牛蒡子、天花粉、连翘、银花、蒲公英各 30 克，黄芩、陈皮、栀子、皂角刺、柴胡各 25 克，生甘草、青皮各 20 克，共研细末，开水冲调。候温灌服。加减：哺乳期，乳汁壅滞者，加漏芦、王不留行、木通、路路通；产后恶露不净者，加当归、赤芍、川芎。

（2）慢性乳腺炎治疗

"逍遥散"加减。柴胡、赤芍、青皮、莪术、漏芦、丹参、蒲公英、银花、甘草各30～45克，水煎灌服。

预防：

（1）注重搞好舍内外环境卫生，特别要注意牛床保持干燥，没有粪尿积留，垫草干燥柔软勤更换，每天至少刷拭牛体1次，保持牛体卫生清洁。

（2）牛舍内外定期消毒。挤奶用具常清洗消毒。尽量消灭吸血昆虫。

（3）科学饲养管理。合理搭配饲料，产前和产后1～2周，适当控制催乳性饲料，以免催乳过急。产后尽量避免恶露污染牛的后驱，注意保护乳房，防止发生外伤，对于较大的尤其是下垂的乳房，特别注意保护。

（4）严格执行挤奶操作规程。挤奶前用40～50℃温水洗净乳房，并对乳房进行按摩。挤奶员的指甲要剪断磨光，挤奶前洗净双手，人工挤奶时要特别注意操作方法。机器榨奶负压不要过高，频率不要过快或过慢，防止空挤。挤奶后用药液浸浴乳头，常用药液有3%～5%次氯酸钠、0.5%碘酒、0.1%苯扎溴铵。

（5）检疫。在挤奶过程中要随时检查乳房及乳汁情况，每4～6个月进行一次乳腺炎普查，发现病牛，及时隔离治疗。

（二）胎衣不下

母牛产犊后经过12小时以上胎衣还未排除者称胎衣不下。胎衣不下舍饲奶牛常多发，影响产奶量而且继发子宫内膜炎而引起牛不孕。

病因：一是牛产后子宫收缩乏力。妊娠后期运动不足，营养不良，或其他疾病造成的体质虚弱；以及胎盘积水，胎水过多，双胎，子宫损伤，难产或过早助产；或者酷热，低气压，高湿度等气候因素均可引起子宫收缩乏力。二是胎儿胎盘与母体粘连。常见于布氏杆菌病。

胎衣不下分为全部与部分胎衣不下。全部胎衣不下是阴门外看不到胎衣或仅有少量胎衣悬于阴门外；部分胎衣不下是大部分胎衣垂于阴门外，如不及时治疗，容易继发子宫内膜炎，使产后牛发情不正常或者牛受孕后易于流产，甚至不孕。有的由于胎衣腐败引起脓毒败血症。个别牛可引起子宫脱出。

临床症状：胎衣不下的牛，病初一般没有全身症状和不安表现。如果不及时处理，胎衣在 24～36 小时后就开始腐败分解，夏季腐败速度更快，分解的毒素通过子宫被母体吸收，可能出现自体中毒症状。比如体温升高，食欲减退及反刍减弱或停止，胃肠功能紊乱，弓背鸣叫，举尾努责，从阴门不断排出污红色腐败分解的胎衣碎片和分泌物，由腥臭变为腐败臭。随病程发展，2～3 天可继发急性子宫内膜炎。

治疗：

1. 西药疗法

（1）促进子宫收缩，加快胎衣排出。可肌内注射垂体后叶素 100 单位，注意：产后 24 小时内肌内注射垂体后叶素，超过 24 小时注射不利于胎衣排出。或注射催产素 80～100 单位，或麦角新碱 10～15 克，新斯的明 10～20 克等子宫收缩药，肌内注射。

（2）子宫灌注。为消除子宫炎症，防止胎衣腐败，促使胎衣自行脱落，早期可采用土霉素、四环素或金霉素等 2～3 克，加依沙吖啶 0.5～0.8 克，用 200 毫升凉开水化开灌入子宫，每日 1 次。

（3）10% 氯化钠 300～400 毫升，10% 安钠咖 10 毫升，静脉注射，每日 1 次。或子宫灌注 10% 氯化钠 2000 毫升。

（4）如果胎衣已经腐败，子宫颈口已关闭时，用己烯雌酚 20～30 毫克，每日或隔日注射 1 次，共用 2～3 天。

（5）手术剥离。一般在产后 24～48 小时为宜，夏季应适当提前。剥离之前 1～2 小时先向子宫内灌注 10% 氯化钠注射液 1～2

毫升，以松弛胎儿胎盘与母体胎盘之间的联系，便于胎衣剥离。剥离方法：母牛站立保定。先将母牛直肠粪便掏净，然后用0.1%高锰酸钾溶液洗涤和消毒外阴部周围。术者剪短指甲并磨光，戴上消毒长臂手套，手套上涂抹润滑剂，左手将露出在阴门外的胎衣握住，并稍拉紧，右手进入产道，沿绒毛膜处可摸到胎盘附着的地方，然后用食指和中指夹住子叶，用拇指推压胎盘将将胎儿胎盘与母体胎盘分离开来，剥离时必须由近而远逐渐剥离，而且要将近处上下左右周围的胎盘剥离下来后，再向前移。剥离子宫角尖端的胎盘比较困难，这时可拉紧胎衣，手向前伸，迅速抓住尚未脱离的胎盘进行剥离。剥离时，要注意莫将母体胎盘（子叶）剥下，或过度用力牵拉胎衣，否则会将子叶拉断，造成子宫壁损伤，引起出血。剥完胎衣之后，立即向子宫内灌注抗生素，以防止子宫内感染。

2. 中药疗法：本病初期应内服理气散瘀下胎之剂。

方1：加味生化散

当归100克，川芎、核仁、炮姜各40克，炙草25克，党参、黄芪各50克。引用黄酒四两，童便一碗。将上药共为末，开水冲，候温入黄酒、童便，一次灌服。

方2：荆防汤

荆芥、防风、白矾、艾叶、蛇床子各15克，煎汤去渣洗涤用。

3. 民间疗法

（1）5%酒精或白酒400毫升、中药车前子300克，拌匀，点燃，边燃边搅，冷却后研碎，加温水一次灌服，疗效较好。

（2）产后立即灌服羊水3~5毫升；或益母草水煎加红糖灌服；或灌服蔗糖、蜂蜜及中性盐类泻剂。

预防：初产牛不能配种过早，妊娠后期加强运动，注意防暑，饲料营养全价，搞好子宫疾病防治，实时助产，防止子宫损伤等。

（三）难产

难产是母牛在分娩过程中，胎儿不能顺利产出，是奶牛、肉牛常发病之一。难产可引起生殖器官的疾病和牛不孕，甚至可造成胎儿或母牛的死亡。

病因：主要由以下几个原因引起。

（1）母牛产道狭窄，比如：骨盆腔狭窄、子宫颈狭窄、阴道狭窄，特别是初产母牛最常见。

（2）母牛年老体弱，营养状况不良，平时运动不足，疲劳过度，引起母牛努责微弱和阵缩无力。

（3）胎儿过大，畸形，以及态势，胎位，胎向不正或者双胎同时进入产道，胎儿难产最为多发，

（4）羊水过早流失，产道干涩，胎膜未破等。

临床症状：母牛发生阵痛，起卧不安，时常拱背努责，回头顾腹，但有的努责次数减少，阵缩无力，从阴门流出红黄色液体，露出部分胎衣，有时可见胎儿的肢蹄，但胎儿长时间不能产下。

难产的救助。母牛发生难产时要根据具体情况及早救助，目的是确保母牛和牛犊生命安全和避免母牛生殖器官与胎儿的损伤感染。一般以手术助产为主，必要时辅以药物治疗。

1. 牵引术和注射催产药助产

如果是阵缩和努责无力，且母牛子宫颈完全开张时，应实施牵引术，将胎儿拉出；如果欲促其自行排出，可用子宫收缩药，如肌内注射催产素或麦角新碱注射液 8 ~ 10 毫升。但应注意，麦角制剂只限于子宫口完全张开，胎势，胎向及胎位正常时使用，否则，会引起子宫破裂或加重难产。

2. 实施手术助产

将患牛采取前低后高站立或侧卧保定，先用温水将胎儿露出

部分及母牛阴门和尾根等处洗净，再用 0.2% 来苏尔或 0.1% 苯扎溴铵冲洗消毒。术者剪去指甲并磨光，手臂消毒，涂上润滑剂，然后伸手进入产道，检查胎位，胎势，胎向，产道是否正常及胎儿的生死情况。如果胎位等不正时，首先向子宫内灌入多量的植物油或肥皂液，借助消毒的产科器械进行矫正，矫正时应在子宫内进行，故先将胎儿外出部分严格消毒后推入子宫内再行矫正。矫正后用手或产科绳系住胎儿系部将其拉出；如果胎儿过大而骨盆过小，拉不出来，则可采用截胎术或剖宫产术；如果子宫颈口开张不全，又无法用药物扩张的也可用剖宫产。

（四）盆腔炎

盆腔炎是指骨盆腔内生殖器官及其周围组织的炎症。可局限于生殖器官的某一部分。如输卵管炎、卵巢炎与盆腔结缔组织炎等。

病因：本病多由流产及产后感染，尤其是难产或助产时产道软组织损伤感染所致，最常见的病原菌是链球菌、葡萄球菌和大肠杆菌等。

临床症状：因感染的部位不同，其临床症状也各异。

（1）输卵管炎。输卵管正常时直肠检查不易摸到，有炎症时可摸到较粗的输卵管。

（2）卵巢炎。直肠检查卵巢增大，敏感，但无痛感，且摸不到黄体和卵泡。化脓性炎症时，病牛出现体温升高，精神沉郁，食欲减退等全身症状。脓肿形成后体温开始下降，脓肿由豌豆大至鸡蛋大，触摸卵巢肿胀中央有波动。慢性炎症时，病牛性欲降低，直肠检查可发现卵巢变小，变硬，犹如一个大豆，便面凹凸不平。

（3）盆腔结缔组织炎。产后阴道或直肠检查时，母牛敏感疼痛，阴道和子宫周围组织变硬，有时能摸到炎性肿块。

诊断：临床症状结合阴道、直肠检查，即可做出诊断。

治疗：

1. 中药疗法

方组：金银花、连翘、丹参各 120 克，蒲公英 90 克，车前子、黄柏各 60 克，当归尾 50 克，川芎 40 克，水煎灌服。

热重者加大青叶、板蓝根各 70 克；湿热者加茯苓、泽泻各 50 克，杭子梢、龙胆草各 40 克；腹痛者加延胡索 60 克，乳香、没药各 50 克；食欲不振者加陈皮、神曲各 40 克，山楂 60 克；腰痛者加续断、桑寄生各 60 克；体虚者加党参、黄芪各 60 克。

2. 西药疗法

多使用磺胺药，青霉素等抗菌药物进行全身治疗，必要时可静脉注射抗菌药，局部用药效果不好。子宫颈、阴道旁侧的脓肿，在阴道内做切口引流，用 0.1% 高锰酸钾溶液冲洗阴道，局部涂搽稀碘酊。应根据脓肿部位的不同，先穿刺诊断，再于阴道壁血管较少处切开，以便于向下，向外排脓引流。

（五）妊娠水肿

妊娠水肿是指牛在妊娠后期，妊娠牛腹下，乳房和后肢等处皮下组织中积聚渗出液，且全身或局部静脉发生瘀血现象的一种疾病。

病因：多因妊娠后期胎儿迅速生长，营养相对不良，母牛运动不足，导致循环功能减退与血液回流不畅所致。

临床症状：常在牛分娩前 1 个月内，尤其是在分娩前 10 天左右多见。症见妊娠牛腹下，乳房以及后肢，会阴部，阴唇等处皮下水肿，也可波及胸下，胸前部。触摸无痛，表面温度较低，质如面团，用手指按压时可形成凹陷，日久可演变为炎性水肿，甚至引起部分组织坏死。

治疗：无特异性疗法。轻症者不用治疗，症重者强饲养管理、适当控制饮水和增加运动外，可实行药物治疗。

1. 西药治疗

50% 葡萄糖注射液 300～500 毫升，5% 氯化钙注射液 100～150 毫升，20% 安钠咖注射液 12～16 毫升，混合后一次静脉注射，每日 1 次或隔日 1 次。

2. 中药治疗

患牛精神萎靡，食欲不振，粪便稀不成形，行动拘束托腰，在腹下，四肢，乳房和会阴部出现水肿，按压不热不痛，犹如面团，恢复较慢，脉缓弱无力。治宜理气养血、安胎健脾。

方 1：当归散。当归 30 克，天花粉、黄药子、没药、枇杷叶、桔梗、白药子、牡丹皮、白芍各 20 克，红花、大黄各 15 克，甘草 10 克，共研为末，以开水冲调灌服。

方 2：无苓散加减。白术（炒）、补骨脂各 45 克，猪苓、茯苓、泽泻各 30 克，将上药共研为末，开水冲调灌服。

（六）产后瘫痪

产后瘫痪是母牛产后突然发生的一种严重的代谢性疾病。临床上以知觉意识丧失及四肢麻痹瘫痪为特征。5～9 岁（3～6 胎），高产奶牛多发，产犊后 3 天内母牛多发。

病因：由于产后母牛突然泌乳，与大量泌乳造成缺钙，或钙、磷比例失调以及血钙调节功能障碍有关。此外，此病的发生与高产母牛在干乳期饲喂高钙、低磷、低维生素 D_2 或维生素 D_3 的饲料有关。

临床症状：一般多在产后 48～72 小时内发生，临床上有典型与非典型两种类型。

（1）典型症状。患牛病初母牛不安，乱动，起卧不停，不时哞叫，精神沉郁，食欲减退，反刍停止，泌乳下降。以后表现不愿走动，站立不稳，后躯摇摆，肌肉震颤，数小时后瘫痪卧地，呈伏卧式，头颈弯曲向后方，置于胸侧。可将头拉直，但松开后仍恢复原状，这是本病的典型症状。体温偏低，皮温发凉，知觉丧失，闭目昏睡，瞳孔散大，呼吸深而慢。治疗不及时则昏睡死亡。

（2）非典型症状。多数病牛为此类型。主要特征是躺卧时多为伏卧，头颈呈S状弯曲；有时尚能站立，但是站立不稳；病牛精神沉郁，但不昏睡，食欲减退或废绝；体温正常或略低，一般不低于37℃。胃肠蠕动减弱。

诊断：本病可根据多发高产奶牛，分娩3日内多发，卧地后的特征姿势以及血钙、血磷降低可做出诊断。

治疗：治疗本病的特效疗法是大剂量地静脉注射钙制剂，采取乳房送风法等。

1. 民间疗法

（1）乳房送风法。此方法是治疗本病最简单方法。挤出奶汁，用酒精棉球消毒乳头和乳导管后，轻轻转动导管插入乳房内，接上乳房送风器或打气筒，分别向4个乳区轻轻打气，以乳房饱满，手指轻敲似鼓音为度。然后用绷带扎住乳头根部（不能扎得太紧），1~2小时后解开。如效果不好，在3小时后重复1次。

（2）鲜牛奶灌注法。用健康牛的鲜奶数百毫升，用乳导管分别注入4个乳区内，以外溢为止，等4~5小时后驱赶母牛，效果良好。

2. 西药疗法

（1）补充钙剂。10%葡萄糖酸钙800~1200毫升，5%葡萄糖溶液1000毫升，15%安钠咖注射液20毫升，缓慢静脉注射。必要时，12小时重复一次。或5%氯化钙注射液600~800毫升，5%葡萄糖生理盐水1000毫升，静脉缓慢注射。

（2）0.5%地塞米松磷酸钠注射液。用量2~6毫升，肌内注射，每日一次。适用于用钙剂、葡萄糖治疗无效的病例。

3. 中药疗法

方组：羌活、防风、川芎、炒白芍、桂枝、独活、党参、白芷、钩藤、姜半夏、茯神、远志、菖蒲各30克，当归60克、细辛15克、甘草20克，姜枣适量为引，水煎灌服。

4. 针灸疗法

火针风门、百会、中脘、大胯、掠草等穴位。针百会、人字、大胯、小胯、肾俞等穴。

预防：在产前1个月内至少在预产期2周开始，给母牛喂低钙高磷的饲料，产后喂高钙饲料。并在产前6~10天肌内注射维生素 D_3 溶液1万单位，有一定的预防作用。母牛分娩后的3天内，不要将初乳挤尽，只要挤够饲喂牛犊的乳量即可，以防止钙质从乳中大量流失而发生低血钙症。产后应立即补钙，每天的补钙量为100~200克，并同时肌内注射维生素 A、维生素 D 5~10毫升。

（七）子宫内膜炎

子宫内膜炎是子宫黏膜的炎症。是牛常见的产科病。是导致母牛不孕的主要原因之一。

病因：本病多由于母牛流产，分娩过程中或产后感染致病菌而引起；也可由配种，难产时的助产操作不当，消毒不严，产道损伤等微生物侵入而引起；人工授精时消毒不严引发；还继发于阴道炎，子宫颈炎，子宫阴道脱出，子宫弛缓，胎衣不下，结核病，布氏杆菌病等。

临床症状：根据病程临床表现可分为急性子宫内膜炎，慢性子宫内膜炎和隐性子宫内膜炎三种。

（1）急性子宫内膜炎。病牛体温稍高，食欲和产奶量下降，拱背，努责，频频排尿。从阴道排出少量黏液或脓性分泌物，卧地时增多，在阴门，尾根有被分泌物污染后的结痂。

（2）慢性子宫内膜炎。一般体温正常，子宫颈外口松弛，病牛发情周期不正常或不发情，有时发情正常但屡配不孕，从阴道流出絮状或稀薄脓液并污染尾根，阴门及后腿。

（3）隐性子宫炎。病牛发情周期多数正常，但发情时流出的黏液略浑浊，最主要症状就是母牛屡配不孕。

治疗：

1. 西药疗法

（1）子宫冲洗。在牛无全身症状并在牛发情时进行，对不发情母牛先注射己烯雌酚20毫克，使子宫颈口开张后再进行冲洗。这是治疗急性和慢性子宫内膜炎的一种常用方法。

（2）1%温热盐水反复冲洗，待排净后，注入抗生素溶液，（青霉素80万单位，链霉素100万单位，注射水20毫升）。

（3）脓性子宫内膜炎时，1%盐水500毫升，加5%碘酊20毫升，一次注入子宫内。

（4）5%鱼石脂100毫升注入子宫内，隔日1次。

（5）用3%过氧化氢500毫升冲洗，1小时后再用1%盐水冲洗，排净后注入抗生素，疗效较好。

（6）对屡配不孕，但又无明显症状的牛，用氯化钠2克，碳酸氢钠3克，葡萄糖9克，温水1000毫升混匀，在配种前2小时用500毫升冲洗子宫，排净药液后，放置抗生素可提高受孕率，减少流产。

（7）为使冲洗液和子宫内容物及时排出，可注射麦角新碱或催产素等药，促进子宫收缩。

（8）对隐性子宫内膜炎，在配种前8小时或配种稍后向子宫内注入青霉素80万~160万单位，链霉素1~2克，用生理盐水20~40毫升稀释。

（9）全身治疗与对症治疗。可应用抗生素及磺胺类药物疗法。强心，利尿，解毒等。

2. 中药治疗

蒲黄100克、五灵脂100克，用开水泡软，灌服。每2天1次，疗效较好。

预防：对妊娠母牛应给予营养丰富的饲料，适当运动，增强抗病能力；助产时不可粗暴，胎衣不下时要及时处理，产后立即灌羊水，或益母草煎水加红糖灌服；或产后第 3 天、第 6 天用 0.1% 依沙吖啶各冲洗子宫 1 次，冲洗后灌注土霉素粉 4 克，利凡诺 0.5 克，以促进胎衣排出和净化子宫；在人工授精、助产及阴道检查时，要严格注意消毒。

（八）子宫脱出

子宫脱是指子宫部分或全部经由子宫脱出阴门之外。是奶牛常见的产后疾病，肉牛也有发生。一般发生在产后 12 小时内，子宫颈尚未缩小，子宫壁和子宫阔韧带松弛时发生。

病因：此病常由以下原因引发。

（1）多因牛年老体弱，怀孕母牛运动不足，营养不良等，造成骨盆韧带及会阴部结缔组织迟缓无力。

（2）由于胎儿过大，或双胎，胎水过多，造成韧带持续伸而发生子宫脱出。

（3）怀孕末期或产后牛处于前高后低的牛舍，努责过强，使腹压增大引起。

（4）在难产，助产失误以及胎衣不下剥离时强力牵拉，或露出胎衣上坠以重物等。

临床症状：可分不完全脱出和完全脱出两种类型。

子宫不完全脱出时，母牛拱背站立，举尾，用力努责，常排尿，排粪频繁，一般无其他全身症状，只能通过阴道检查时才可摸到内翻的子宫。

子宫完全脱出时，子宫全部外翻露出阴门外，像长圆形口袋，上面布满蘑菇状圆形的凸起物，并往往附有尚未脱落的胎衣。由于血液循环障碍，可使脱出的子宫瘀血，发生水肿，黏膜逐渐变厚，呈肉冻状，易受伤出血。如果尿道受压迫，则出现排尿困难。母牛起卧不安，使子宫容易创伤造成大出血。有的母牛由于过度疲劳或虚弱而不能起立。子宫脱出的时间过长，常被粪尿及垫草污染，有的损伤处甚至坏死结痂，严重的可由于细菌感染发生败血症而死亡。

治疗：子宫脱出时，应立即进行整复，时间越长，子宫的肿胀越严重，整复也就越困难，越容易造成死亡。

1. 整复方法

牛站立保定，呈前低后高姿势，如果患牛不能起立，后躯也应垫高些。助手用消毒过的双层纱布托起脱出的子宫，术者迅速剥离残余胎衣，清除污物及坏死组织，用温水洗净子宫，再用0.1%高锰酸钾溶液消毒子宫。如有出血不止和伤口较大，应结扎和缝合。发生水肿的则可用1%～2%明矾溶液冲洗，然后术者手消毒后握成拳，置于宫角顶端凹陷处，在助手的协助下，向上向前顶送至骨盆腔内，将子宫完全送回骨盆腔后，手臂应随着进入子宫，将子宫角展平复位。如此法难以实施，则可在助手协助下从阴道部慢慢送入，送入1/3后再用拳顶住子宫角送入腹腔。

整复后，为了防止感染，应向子宫内放入土霉素或磺胺类药物，并向子宫内灌注500毫升生理盐水，肌内注射青霉素，链霉素等抗生素。为防止术后子宫再度脱出，用阴门固定器固阴门，并注射子宫收缩药，如麦角新碱或催产素，促进子宫收缩。

术后必须加强饲养管理，喂易消化的饲料并限制喂量，体质虚弱的应采用补液强心疗法和中药治疗。

2. 中药疗法

以补气养血、升阳固脱为治疗原则。

方用补中益气汤加减：党参、黄芪、柴胡、白术各50克，当归45克、升麻60克，陈皮、炒枳壳各40克，炙甘草20克，水煎服。流红色恶露，体温偏高者加双花、连翘、栀子、生地；耳鼻冰凉，体温偏低者，加官桂、附子、砂仁；食欲不佳，反刍无力者，加苍术、山楂、神曲、麦芽。

（九）流产

造成母牛流产病因很复杂，大致可分为非传染性流产和传染性流产两大类。非传染性流产原因主要有以下几点。

（1）胎儿及胎膜异常。包括胎儿畸形或胎儿器官发育异常，胎水过多或过少，胎盘炎，胎盘畸形或发育不全及脐带水肿等均可引起流产。

（2）母牛的疾病。包括严重的肝、肾、心、肺、胃肠及神经系统疾病，大失血或贫血；生殖器官疾病，如子宫内膜炎，子宫发育全，子宫颈炎，阴道炎等；某些中毒疾病，如霉饲料中毒，棉籽饼中毒；某些传染病，如牛布氏杆菌病、结核病等；某些寄生虫病，如滴虫病、焦虫病等；及内分泌失调，如：雄激素过多而黄体酮不足时可引起流产。

（3）饲养管理不当。长期饲料不足而过度消瘦，饲料单一缺乏某些维生素和无机盐，饲料腐败或霉败，大量饮用冷水或带有冰渣的水，或采食霜冻饲料，饲喂不定时而母牛贪食过多等，都可引起流产。

（4）各种机械损伤或母牛受到剧烈的刺激，引起子宫反射性收缩导致流产。如跳跃、跌倒、抵撞蹴蹄和挤压，以及粗暴的直肠检查或阴道检查等都可引起流产。

（5）药物使用不当。使用大量的浚泻药，利尿药，麻醉药和其他可引起子宫收缩的药品，如中药的斑蝥，水蛭，三棱，桃仁等，均可引起流产。

临床症状：流产前，母牛出现流产先兆，如腹痛，起卧不安，呼吸加快，脉搏加快，精神倦怠，阴道内有少量出血，或少量羊水流出，有的没有明显的症状，突然发生流产，排出不足月的胎儿，死胎等。在妊娠早期，特别是胚胎着床前后，胚胎死亡后被子宫吸收，母牛外表变化不大，仅出现性周期延长，如配种后一到数个情期才出现发情症状，这种流产称隐性流产。有的牛接连出现2~3次流产，称习惯性流产。

治疗：

（1）安胎。如有习惯性流产的或临床上发现母牛有腹痛，起卧不安，呼吸脉搏加快等流产先兆，胎儿仍活着时，应及时采取保胎措施。

1）肌内注射黄体酮100~200毫克，每日或隔5~7天1次，连注3~4次；或肌内注射0.1%亚硒酸钠维生素E注射液30~50毫升/次。

2）中药安胎。以养血益气，安胎止痛为治疗原则。

方用白术散加减：白术、当归、熟地、党参、黄芩、阿胶、陈皮各50克，苏叶、砂仁各30克，川芎、生姜、甘草各20克，白芍40克、水煎服，每日1剂，连服2~3剂。体质虚弱者，加黄芪、何首乌；外伤者，加续断、杜仲、红花、桑寄生。

（2）促进子宫功能的恢复。母牛流产胎儿排出后，要对子宫进行局部处理。首先以消毒液冲洗子宫，常用0.1%高锰酸钾溶液，后放入抗生素药物，同时用下列药物，促进子宫收缩原。

用催产素30~100单位，肌内注射；或益母草100克，水煎，加红糖500克灌服；或用加味生化汤。党参、柴胡各50克，黄芩、桃仁、银花各40克，炮姜、甘草各15克，川芎30克，当归60克，水煎，候温加黄酒200毫升为引，灌服。

预防：对怀孕母牛应加强饲养管理，给予营养比较全面的优质饲料，禁喂霉败和霜冻饲料，禁饮冰冷水；防止跌撞损伤；禁止粗暴的直肠和阴道检查；谨慎用药等，防止流产发生。对早期习惯性流产的，应在配种后7~10天就开始注射黄体酮或亚硒酸钠维生素E保胎，以后每隔1个月注射1次，连注3~4次。

（十）黄体囊肿

黄体囊肿在高产奶牛群中较多见。严重影响牛繁殖。造成生产和经济损失。

病因：由于高产奶牛的催乳激素分泌很多，抑制了促性腺激素的分泌，致使黄体素的分泌量达不到高峰水平。

临床症状：黄体囊肿母牛表现发情周期不准，或者出现持续发情症状，阴门黏液分泌量多少不定，屡配不孕，经过直肠准确检查才能确诊。

治疗：

1. 西药疗法

在母牛发情旺盛情况下，立即进行人工授精配种。同时肌内注射氯前列烯醇 0.4 毫克和促排 2 号制剂 100 毫克。氯前列烯醇促黄体融化，使卵泡壁变薄，促进子宫和输卵管平滑肌收缩，让精子顺利运动通过生殖道，促排 2 号诱导促黄体素的分泌，达到排卵的效果。此方法适用于治疗卵巢囊肿。在母牛长期不发情的情况下，确诊为黄体囊肿，要恢复卵泡活力，用维生素 A、维生素 D、维生素 E 和黄体酮做深部肌内注射，用量为维生素 A 加维生素 D10 毫升，维生素 E 6 毫克，黄体酮 100～150 毫克，一个疗程 5 天，连续注射 2 疗程。

2. 中药疗法

方 1：肉苁蓉 100 克，当归 100 克，木香 15 克，番泻叶 50 克，炒枳壳 30 克，厚朴 15 克，醋香附 40 克，瞿麦 15 克，通草 10 克。

方 2：红花 45 克，川芎 35 克，赤芍、当归各 40 克，生地、核仁、荆三棱、莪术各 30 克。

方 3：当归、仙灵脾、枸杞、阳起石各 100 克，赤芍、菟丝子各 80 克，补骨脂 120 克，益母草 150 克，熟地 60 克，莪术、荆三棱各 35 克。

用上方配合维生素 A、维生素 D、维生素 E 和黄体酮综合治疗，效果较好。也适用于乏情，持久黄体，卵巢囊肿等疾病的治疗。

（十一）缺乳

病因：主要是营养不良，气血衰弱所致，特别是胎前使役过度，饲喂失调，营养缺乏，以致母牛体质日趋瘦弱，气血亏虚，因而产生乳汁短少。此外产后遭受风寒，血凝气滞，也能引起乳汁不畅。

临床主症：体质虚弱，水草迟细，乳汁短少，精神不振。

治疗：以补气养血，催乳为治疗原则。

中药治疗。

方1：通乳散

黄芪、党参、通草、川芎、白术、川断、阿胶、穿山甲各50克，王不留行、当归各100克，木通、杜仲、炙草各40克。将上药共研为末，引用黄酒二两，开水冲之，候温灌服。本方有补气养血催乳之功效。

方2：蒲公英500克、王不留行20克。共为末，加米醋一斤，分四次灌服。本方有祛瘀通经催乳之功效。

方3：川芎、当归、白术各100克，通草、炙甘草各25克，续断、破故纸、黄芪、党参、杜仲、阿胶、王不留行各50克。水煎去渣，用白酒四两灌服，每天1剂，连服2剂。

五、牛外科病

（一）结膜炎

牛结膜炎由外界各种刺激及感染引起牛眼结膜的炎症，是牛常见的眼病，各年龄牛均可发生。

病因：发病原因主要有以下两方面因素。

（1）机械性刺激。各种结膜外伤，如尘埃，麦芒，牛龙头绳压迫眼部，斗互相伤或鞭子打伤等；眼睑毛向内的刺伤；以及牛患吸吮线虫病等刺激均可引起本病发生。

（2）理化因素的刺激。如烟雾，农药，氨气，石灰，火焰，高浓度消毒液对结膜的刺激等引起此病发生。

临床症状：牛常见一只眼睛发病，个别也有双眼先后发病的。根据病程可分急性和慢性两种类型。

（1）急性结膜炎。发病初表现为畏光，流泪，敏感，眼结膜显著肿胀，眼角周围附着黏性分泌物，结成痂块。化脓性结膜炎时，分泌脓性分泌物多呈黄色。严重者上下眼睑常粘连在一起。结膜下的组织发炎时，疼痛和肿胀剧烈，肿胀结膜呈肉块样，向外翻，露出于上下眼眶之间，遮蔽整个眼球，呈紫红色，黑褐色并出现坏死。炎症蔓延到角膜时，角膜发生蓝色或灰白色混浊。

（2）慢性结膜炎。多由急性转来，通常症状较轻，结膜轻度充血，暗红色，分泌物浓稠，在眼内角下方皮肤上可见到泪痕，发生湿疹，脱毛并发痒，常因摩擦而出血，炎症波及角膜，可引起角膜翳。

治疗：

1. 西药疗法

（1）清洗患眼。患牛病初用微温无刺激的药液，如生理盐水，2%～3%硼酸液，2%明矾液，0.1%苯扎溴铵液等彻底清洗眼。

（2）消炎止痛。可用醋酸可的松眼药水滴眼，之后用金霉素，或四环素眼膏点眼。传染性结膜炎可用利巴韦林眼药水滴眼，每日2～3次。镇痛可用1%～3%盐酸普鲁卡因液加少量青霉素点眼。

（3）慢性的结膜炎，可用3%～5%硫酸锌液，1%～2%硝酸银液滴眼，同时结合温敷使用。

（4）自血疗法。采取自身颈静脉血或耳静脉血5～10毫升，上、下眼皮下注射 2.5～5 毫升，3 天后再注射一次，此法对结膜炎和角膜混浊都有较好的疗效。再结合肌肉内注射 2～4 毫升维生素 A 和维生素 D 效果更佳。

（5）对于严重病例，可采用抗生素和磺胺类药物进行全身治疗。

2. 中药疗法

方 1：寸冬、草决明、蝉蜕各 30 克，栀子、连翘、夜明砂、胆草、石决明各 25 克，木贼、羌活各 20 克，谷精草 40 克。煎汤内服，一次灌服。

方 2：木贼草、苍术各 50 克，谷精草、黄芩、蝉蜕各 20 克，青葙子、密蒙花各 25 克，白蒺藜 15 克。水煎内服。

3. 民间疗法

猪胆汁内服或点眼。内服时取 3 个猪胆汁，加温水 300 毫升，混合均匀，冷后内服。轻的一次可治愈，重症可于第三天再用同剂量灌服 1 次。用于点眼时，把胆汁吸入点眼瓶子内，直接滴入结膜内，每次 3～5 滴，然后轻轻揉眼，使胆汁均匀分布于角膜表面，每天上午点眼 1 次，症状轻的 2 次即可痊愈，重症的连续点眼 3 天。治疗：结膜炎和白内障疗效较好。

胆汁保存方法：把新鲜的猪胆囊开口处用线结扎好，防止胆汁流出和污染。然后放于清洁的瓶子内，塞好瓶塞，用蜡封闭，放入暗室内保存。

预防：加强管理，尽量避免机械性刺激，避开理化因素的刺激。

（二）额窦炎

额窦炎指因额部挫伤引起额窦感染，或角突腔感染进入额窦等原因，致使额窦蓄脓的一种病症。

临床症状：症轻的流浆液性或脓性鼻液，重症的在天气炎热时，鼻液散发出腐败气味，甚至导致蝇蛆病。牛单侧性额窦炎发病率较高。病初牛在低头采食时略有不安，偶见摇头，角根处有开口的，可见病牛侧头时从伤口流出浆液性或腐败性脓性炎性渗出物，鼻孔流出各种颜色的渗出物。严重的鼻黏膜肿胀，鼻塞，呼吸困难。

治疗：

1. 西药疗法

用圆锯术在适当位置打孔，再吸排出脓液，用0.1%高锰酸钾溶液，或0.1%苯扎溴铵溶液进行彻底冲洗，再用灭菌纱布吸干窦内积液，注入广谱抗生素，封闭伤口。

2. 中药疗法

治宜解毒排脓。

方组：辛夷45克、酒知母30克、沙参21克、郁金15克、木香、明矾各9克，共研细末，开水冲调灌服，每日1剂，连用3~5天，重症4~6天，以后改为每2日使用1剂，7~8剂为1个疗程。

（三）脓肿

脓肿是指在任何组织和器官内，由于化脓性感染，引起具有完整的腔壁包裹并有脓汁积蓄的局限性肿胀，可分为浅部脓肿或深部脓肿。是牛常见的外科病之一。

病因：脓肿的主要病原菌有葡萄球菌或链球菌等，一般是因病菌通过损伤的皮肤和黏膜进入机体引起感染；也可由其他化脓灶而继发感染，如疮、蜂窝组织炎等；组织内误注射各种带刺激性药液，如氯化钙，水合氯醛等漏注于皮下亦可引起脓肿；在治疗牛病时，消毒不严和护理不当也可引起此病。

临床症状：急性脓肿，局部发热、肿胀及疼痛。初呈弥漫性，以后逐渐局限。中央部日渐软化，富有波动感，皮肤变薄，被毛脱落，最后破溃，流出黏稠乳状脓汁。脓汁排出后，形成肉芽组织填充浓腔而逐渐愈合。

脓肿发生于深部组织时，症状多不明显。仔细检查患部皮肤与皮下组织，可见轻微的炎性肿胀，用手压迫患部可呈现压痕，并有疼痛，但不出现明显的波动。穿刺流出脓汁。

鉴别诊断：脓肿和血肿都有肿胀和波动，但是脓肿发生较慢，有明显的疼痛，能自溃，穿刺放出内容物为脓汁。而血肿则突然发生，疼痛较轻，无自溃现象，穿刺放出的是血液。

治疗：

1. 西药疗法

（1）浓肿尚未完全形成时，局部热敷，或用鱼石脂、5%碘软膏等，以促进浓肿早期成熟。

（2）0.5%普鲁卡因周围封闭。严重浓肿结合全身疗法。肌内注射抗菌素或磺胺类药物。

（3）浓肿形成，波动感明显，穿刺有浓汁流出。应切开排脓，除去坏死组织及脓肿膜，以0.2%高锰酸钾、3%过氧化氢液反复冲洗后撒布碘仿磺胺并做引流。1~2天换药1次，直至肉芽生长，渗出物少时，可任其开放。

2. 中药疗法

肿胀无脓时应消肿收敛；肿胀有脓时应透脓排出。

方1：雄黄、白及、白蔹、龙骨、儿茶、大黄各等份，共为末，醋调外敷。用于消肿、收敛。

方2：当归25克、黄芪50克、甲珠15克、川芎35克、皂刺15克，共为末，开水冲调，候温灌服。用于补气血，透疮排脓。但脓肿开口后，不宜使用。

（四）蜂窝织炎

是由化脓菌经小创口感染引起皮下、筋膜下和肌间等结缔处疏松组织的弥漫性急性化脓性炎症。有时也可由局部化脓创及脓肿继发引起此病。本病为长发病，以四肢或蹄部为多见。

病因：本病可原发于皮肤或软组织损伤后的感染，特别是牛舍卫生不清洁，粪尿的浸泡，使蹄部或其他皮肤浸渍软化，细菌更易侵入；也可继发于局部化脓性感染，如引流不畅的创口、疖、痈、脓肿、急性淋巴结炎等的扩散等；或其他化脓性疾病经淋巴和血液途径而感染。病菌多为溶血性链球菌，葡萄球菌等化脓性球菌，也有某些厌氧性或腐败性细菌。

临床症状：临床上将蜂窝织炎分为浅在性和深在性两种。

1. 浅在性蜂窝织炎

发生在皮下和黏膜下，多见于四肢，特别是蹄部。病初局部肿胀，触诊时有热痛反应，肿胀范围逐渐扩大，皮肤紧张，指压有压痕。有时体温升高，食欲减退。经 5～6 天后，肿胀处化脓，有波动感，皮肤变薄，溃烂后流出浓汁。

2. 深在性蜂窝织炎

常发生在筋膜下，如前肢和鬐甲部以及后肢小腿筋膜下的疏松结缔组织中。局部肿胀不明显，但化脓性感染可以迅速向周围组织扩散蔓延，在局部有红、肿、热、痛等症状情况下，还有明显的全身症状，如体温升高，精神不振，反刍减少或停止。如果是腐败性细菌造成的感染，则组织坏死严重，皮肤破溃后流出腐败恶臭的液体，全身症状恶化，甚至发生败血症引起牛死亡。

治疗：

1. 西药疗法

（1）局部治疗

1）患部剪毛，清洗，消毒后，用复方醋酸铅冷敷。

2）用 0.5% 普鲁卡青霉素（30 万～40 万单位）溶液 30～50 毫升进行病灶周围封闭。

3）急性炎症缓和后，用醋或卤水调制的醋酸铅散涂布。

（2）全身治疗

1）肌内注射抗生素、磺胺类药物。

2）静脉注射 25% 葡萄糖溶液 500～1000 毫升，5% 碳酸氢钠

300~500毫升，每日1次。

2．中药疗法

以透疮排脓、泻火消肿为原则。

局部治疗：

方组：雄黄、大黄、白芷、天花粉各50克，川椒25克，天南星20克，共为细末，用醋调，涂于患部。初期可解毒消肿。

全身治疗：

方1：黄芪、炙甲珠、川芎、当归、皂刺各50克。共为末，开水冲，候温灌服。用于透疮。

方2：黄连50克、黄芩35克、黄柏40克、连翘25克、栀子40克。共为末，开始冲，候温灌服。用于泻火、消肿。

（五）腱炎

腱炎是牛在过度用力或剧烈的不协调运动之后，由于肌肉的腱质巨伸而引起腱的炎症。由于牛较温驯，腱巨伸不太普遍，但腱炎还时有发生。如果腱胶原纤维附着点发生断裂，骨膜就有从骨表面剥离的危险，并通过在骨膜生骨层外生成骨瘤的形式，发生骨质增生。

临床症状：病牛突然跛行，腱间质组织与腱外膜的部分腱纤维断裂，并伴有腱内小出血和炎性渗出物积聚。随着纤维化的缓慢愈合，存留部分腱发生轻度增厚与挛缩。

防治：

1．西药疗法

腱炎在急性期宜采用冷敷或青霉素普鲁卡因封闭疗法，在慢性期可改用四三一擦剂，樟脑醋等刺激剂，于稍大范围内涂敷，以促进炎症恢复。

2．中药疗法

腱炎的中药治疗宜舒筋活血，消肿止痛。方用跛行镇痛散：

方1：当归、丹参、牛膝各40克，桃仁、桂枝各35克，红花30克,地鳖虫、乳香、没药各20克,共研为细末,开水冲调灌服。

方2:白及、朴硝、木鳖子、芸薹子、苦葶苈子、白芥子、川大黄、白蔹各等份,共研细末,用醋调敷患部。

3. 民间疗法

急性期可放缠腕或蹄头血,慢性期可火针或烧烙相应部位。

(六)腐蹄病

腐蹄病是指由坏死杆菌所致的指(趾)间隙皮肤和邻近软组织的急性和慢性坏死性感染,其多见于夏天,多因牛接触被严重污染的土地,浸泡于污秽和泥水里或长期处于潮湿环境中所致。

临床症状:本病分为急性型与慢性型两种,但以慢性型居多。

急性型:病牛体温达40~41℃,食欲减退,一肢或数肢突然跛行,频频提举病肢,喜卧不起,趾间皮肤早期检查仅见红肿和敏感,蹄冠温热,肿胀,呈红色或微蓝色,敏感异常。

慢性型:发病日久,坏死与健康组织界限分明。蹄部较深组织感染形成化脓灶,甚至形成窦道。重者可侵及腱、趾间韧带、冠关节或蹄关节形成腐败性关节炎,全身症状也随之加重,体温升高,跛行加重,疼痛异常,脓性分泌物恶臭。

治疗:

1. 局部处理

患部蹄底合理扩创,使之呈圆锥形,尽量清除浓汁及坏死组织,用0.1%高锰酸钾液做较彻底的清洗,用消毒棉球吸干,再用10%碘酊溶液消毒。然后用30%鱼石脂软膏、消炎粉、碘仿、土霉素粉、松馏油等填塞,或用中药血竭烫化填平,外加蹄绷带。2~3天更换1次。如果肉芽组织过度生长,可用硫酸铜或硝酸银粉腐蚀活用刮刀将肉芽组织切除。

2. 西药疗法

（1）抗生素。青霉素320万单位，链霉素4克，注射用水适量，肌内注射，每日2次，连用数天。或盐酸金霉素或四环素5～6克，5%葡萄糖溶液1000毫升，静脉注射，每日1次，连用3天。

（2）环胺类药物。磺胺二甲基嘧啶钠注射液0.07克/千克体重，静脉注射，每日1次，连用2～3天。

3. 中药疗法

（1）毛边漏：病牛蹄冠化脓，溃烂，并流出黄褐色脓性分泌物，气味腥臭，运步时跛行。治宜患部洗净消毒，外敷与内服相结合。

外敷方用生肌散：煅石膏、轻粉、赤石脂各50克、龙骨、血竭、乳香、冰片各15克，黄丹10克，共研为细末，用时取适量外敷患部。

内服用加减消疮饮：当归24克、金银花、花粉、赤芍各18克，连翘、白药子、乳香、白芷、浙贝母、防风、没药、陈皮各15克，甘草12克、共研细末，开水冲调灌服。

（2）漏蹄：患部疼痛，站立时不负重或尽量减少负重，运步虚踩，跛行，尤其是在软地或石块路上行走时加剧。如为干漏，则蹄甲多焦枯变形，削蹄甲可见到漏洞中塞满了白色粉状腐朽物；如系湿漏，削蹄可见蹄底有腐烂空洞形成，且流出灰褐色恶臭液体，用检蹄器敲打蹄底或钳夹患蹄两侧，感觉敏感。治宜矫正削蹄，尽除腐烂角质，再用50度白酒洗涤患部，敷药，黄蜡封闭伤口。

外敷药用防腐生肌散：煅石膏25克，枯矾、陈石灰、血竭、乳香、没药、樟丹各16克，冰片、轻粉各3克，共研细末，用时取适量填入伤口，再以黄蜡封闭。

4．民间疗法

（1）药物浸泡。松馏油 50 克，水 1000 毫升，或 5% 硫酸铜溶液适量，浸泡患蹄，每日 1~2 次。

（2）涂布中药"血竭"粉，然后用烙铁轻烙，使血竭粉熔化成为一层保护膜，再用绷带包扎。

（3）桐油膏。桐油 9 克研末，密黄蜡 30 克，豆油 9 克，发灰 3 克。用法，放入铁勺子内，慢火熔化，趁热灌入漏壳内。

预防：本病如果仅侵害皮肤及皮下组织，预后较好，如果波及腱与韧带时则较难治愈；如果关节被感染则只有及早将患病关节切除，才能治愈。故病的防治应以预防为主，除减少或避免蹄部外伤外，加强饲料中的矿物质营养，注重对骨质疏松症的预防，均可减少腐蹄病的发生。另外，用 10% 硫酸铜溶液隔日 1 次或每周 1 次喷洒蹄部与趾间皮肤，也可减少本病的发生。

（七）创伤

病因：各种外力作用而使皮肤或黏膜出现伤口，或软骨组织发生缺损。

临床症状：受伤部位出现不同程度的出血、裂口、肿胀、疼痛和功能障碍。创口污染时则发生化脓、溃烂。严重者可引起牛休克。

治疗：除去异物，制止污染，促进愈合。

1．局部治疗

用止血粉，或明矾、蒲公英等份，混合研末撒布于出血处。全身性止血可注射仙鹤草素、卡巴克洛和维生素 K_3，或静脉注射 10% 氯化钙 150~300 毫升。剧烈疼痛时可注射镇痛药。如阿尼利定、安乃近。

2．新鲜创伤治疗

清洁创围：先用清洁纱布将伤口盖好，然后剪去创围被毛，如果被毛和血液粘在一起，先用温肥皂水洗净，再剪毛。剪毛后，用肥皂水或 3% 来苏尔水清洗创围，再用 5% 碘酊消毒创缘皮肤。

清创：取下覆盖伤口的纱布，除去异物，用生理盐水、高锰酸钾液或苯扎溴铵液，反复洗涤创内，直至彻底洗净为止。创伤处理完毕后，如果创口小而浅，创面比较整齐，经撒布消炎粉后，可不必使用器械处理。如果组织损伤严重或创口小而深，则应进行局部麻醉，扩大创口，消除创囊，暴露创底，除去异物、凝血，挫灭组织彻底切除，见到新鲜组织为止。然后用生理盐水等彻底清除创腔，在创腔内撒布碘仿磺胺粉（1∶9）、青霉素粉或三合粉（高锰酸钾、氧化锌、卤碱等份研末），创缘整齐可行缝合。

中药：以活血、止痛、收敛为原则。

防腐生肌散：煅石膏 500 克、煅龙骨 600 克、炒没药 250 克、血竭 100 克、儿茶 20 克、枯矾 200 克、冰片 50 克、黄丹 100 克。共研细末，过筛，供撒布用。

3. 化脓创治疗

创口周围剪毛、消毒，排出创腔脓汁后，用 3% 过氧化氢液清洗，如果出现坏死组织，可扩大创口，休整清除，再用 0.2% 高锰酸钾液或 0.1% 苯扎溴铵液洗清创面后，撒布磺胺粉或防腐生肌散。为了加速创面净化，可用雷夫奴尔纱布引流。

4. 感染严重的创伤，应施行全身疗法。可用抗生素或磺胺类药物。静脉注射葡萄糖、碳酸氢钠、氯化钙溶液。

（八）风湿病

病因：风湿病是比较常见、反复发作的疾病。主要侵害身体肌肉和关节。因过度劳累，牛舍长期潮湿，突然受到风寒侵袭等都可以发病。此病一般分为急性、慢性、全身性和局部性。但以局部性、后肢和背部发病较多一些。

临床症状：在没有外伤情况下，发病突然，腰腿发硬，起立困难，跛行，严重的卧地不起。触诊肌肉时，感觉到肌肉弹性不好，有的甚至僵硬，针刺不敏感。

治疗：

1. 西药疗法

（1）0.5% 氢化可的松 80～100 毫升，静脉注射。或泼尼松 80～100 毫克、5% 葡萄糖盐水 500 毫升混合静脉注射。

（2）青霉素、链霉素等抗生素肌内注射。

（3）10% 水杨酸钠 100200 毫升，静脉注射，每日 1 次，连用 1 周。

2. 民间疗法

局部治疗。将大片麻袋盖在腰背部或者疼痛部位用醋浇湿，再洒上 95% 酒精，点燃，根据病情再加酒精反复几次，效果良好。

注意：局部治疗后，不能立即去掉覆盖物，在加热过的麻袋片上再加盖保温物。患病期间腰背部或疼痛部位搭盖保暖物。

六、牛内科病

（一）感冒

感冒是外感风寒之表证，以上呼吸道黏膜炎症为主的急性、热性全身性疾病。是牛最常发病之一，四季都可发生，但以早春、晚秋季多见。

病因：多因天气骤变，忽冷忽热，或因牛劳役出汗毛孔舒张时，突被寒风冷雨侵袭，以致毛孔闭塞，腠理不通，内热不能外泄，而患此病。

临床主症：病牛口色青白兼红，脉搏浮缓，咳嗽发喘，鼻流清涕，皮温不正，身颤肢冷。精神不振，低头奋耳，食欲减退，反刍减少，口流涎沫，鼻镜干燥。四肢无力，卧多立少。

诊断：可根据早春、晚秋季节气温变化较大，牛体温升高，流清涕，打喷嚏咳嗽和畏寒怕冷等症状即可做出诊断。

预防：加强饲养管理，科学搭配饲料，精、粗、精饲料结合使用。保持牛体膘情好。气候多变季节，注意防寒保暖，改善环境条件。

治疗：

1. 西药治疗

（1）青霉素，复方氨基比林疗法。青霉素400万单位，复方氨基比林注射液20～30毫升，混合溶解，肌内注射，每日2次。

（2）5%葡萄糖溶液1～1.5升，15%安钠咖注射液20毫升，10%维生素C注射液30毫升，静脉注射。

2. 中药治疗：以祛风散寒解表为原则。

方1：杏苏散。杏仁、枳壳各60克，桔梗、紫苏各100克茯苓100克，炙半夏50克、陈皮70克、前胡80克、甘草40克、

将上药共为末，生姜二两切细为引，分两次温水灌服。

方2：苏陈散。苏子60克，陈皮、薄荷各30克，桂皮、甘草各15克，杏仁、桑白皮、大腹皮各40克，麻黄10克。共研细末，温水灌服。

3. 针灸疗法

（1）可取山根、舌底、耳尖、百会、尾根、涌泉、滴水等穴，对初期病牛有较好的疗效。

（2）针山根、耳尖、尾尖等穴；咳嗽针苏气穴；慢草针通关穴、六脉穴。

预防：加强饲养管理，注意牛舍保温，防止寒风侵袭。

（二）百叶干

病因：本病多发生于冬末春初，经过缓慢。由于天气寒冷，牛长期饲喂难以消化的粗硬干饲料，如干豆秸、干玉米秸、干薯藤等，缺少青饲料，加之饮水不足，致使胃中津液耗损过甚，百

叶干枯而致。或长期饲喂刺激性较弱或缺乏刺激性且含有容易黏附的饲料，如麦麸，谷糠等。另平时运动不足或劳役过度，饮喂失时，饲料缺乏，日益气血亏损而致胃中津液耗损形成此症。也可由前胃弛缓，瘤胃积食，创伤性网胃炎等继发此病。饮水量不足是引发本病的最重要原因。

临床主症：身瘦毛枯，食欲反刍多停止，腹缩粪紧，鼻镜无汗，口色淡红，脉象沉涩。本病初期表现为精神不振，食欲减退，反刍减少，日渐毛焦，卧多立少，鼻镜干燥。后期卧地观腹，腹部缩起，大便干燥，小便短浊，反刍停止，肢软无力。

治疗：

1. 西药治疗

（1）对初期病牛，10% 氯化钠 300 ~ 500 毫升，5% ~ 10% 氯化钙 100 ~ 300 毫升，一次静脉注射。结合使用促进胃肠蠕动药物。

（2）对于中后期较严重的，可行瓣胃注射，一般用硫酸钠 300 克、甘油 500 毫升、常水 1 ~ 2 升一次注入。同时，用 10% 氯化钠 400 ~ 500 毫升，静脉注射，每天 1 次，连用 3 ~ 5 天。

2. 中药治疗

方 1：猪膏散。芒硝 200 克、滑石 40 克、大戟 50 克、白术 50 克、大黄 100 克、甘草 15 克。将上药共研末加猪脂半斤，温水调灌数剂（大戟甘草虽是反药，但是用之无碍）。

方 2：知柏猪膏散。大黄 100 克、芒硝 200 克、麻仁 250 克、当归 100 克、瓜蒌仁 100 克、炒黄柏 25 克、炒知母 25 克、玄参 50 克、槟榔 25 克、滑石 50 克、甘草 15 克。将上药共研细末，加猪板油一斤（切碎）。同调一次灌服。重者去大黄、芒硝，加黄芪 50 克、枣仁 50 克、蜂蜜 200 克。

3. 针灸疗法

针后丹田、滴明等穴。

4．民间疗法

（1）患病初期，可内服泻剂。硫酸镁或硫酸钠 500～1000 克、常水 5～8 升或液状石蜡 1～2 升，或植物油 500～1000 毫升。

（2）蜂蜜 500 克、食醋 500 克、茶油 1000 毫升，加温水适量灌服。

（三）瘤胃鼓气

病因：牛吃了易发酵的饲料，如豆科的籽实或其副产品、豆科牧草、酒糟、霜冻的草或发霉腐烂的饲料而引发。也可继发于食道梗塞、前胃迟缓等。分为原发性瘤胃鼓气和继发性瘤胃鼓气两种类型。

临床主症：

（1）原发性瘤胃鼓气。病牛腹痛不安，回头观腹，后肢踢腹，食欲废绝，反刍和嗳气很快停止。腹围急剧膨大，左肷部明显突起，可高出脊背，触诊有弹性，叩诊有鼓音。瘤胃蠕动音减弱或消失，呼吸高度困难，心搏增强，静脉怒张。后期病牛呻吟，步态不稳或卧地不起，或突然倒地死亡。

（2）继发性瘤胃鼓气。多因继发而来，一般发展缓慢，并呈间歇性鼓气。

诊断：根据发病迅速，症状特殊明显即可确诊。

治疗：以排气减压，消胀制酵，恢复瘤胃功能为原则。

1．民间疗法

发生瘤胃鼓气时，切莫让病牛倒地，倒地牛应立即扶起，站立不稳的一定要保持好，并及时治疗。

（1）首先是排气减压。轻症病例可将牛牵至斜坡上，使其取前高后低姿势站立，同时用一涂抹大酱树木棒横衔口中，两端用绳固定在角部后方，使其张口，不断咀嚼，促进胃内气体排出。然后用草束在左腹肋部自前向后，自上到下，从后到前作圆周按摩，每次持续 5 ~ 10 分钟。

（2）直肠排气法。将手伸入直肠来回抽动，让其努责，排粪，从而达到排粪排气目的。或直肠掏粪，向肛门内塞入姜，爆竹硝，使之排屁排气。

（3）鱼石脂 15 克，75% 酒精 150 毫升，水 500 毫升，混合溶解灌服。

（4）为排出瘤胃内容物和制酵，可用硫酸钠 500 克，蓖麻油 500 毫升，鱼石脂 20 ~ 30 克温水溶解，酒精 100 毫升，加水 4 ~ 5 升混合，一次灌服。

2. 瘤胃穿刺放气法

瘤胃鼓气严重，鼓胀已超过脊背部，出现呼吸困难等症状时，要立即用套管针或 16 号长针刺入膨气最高部（左肷部），进行瘤胃穿刺放气急救。放气时应缓慢进行，以免放气过快，腹压突然下降发生脑缺血而昏迷、死亡。放气后，可由套管针向瘤胃内注入止酵剂。鱼石脂 15 克、酒精 100 毫升，水 5 升；或 1% ~ 2% 来苏尔 15 ~ 20 毫升。或甲醛溶液 10 ~ 15 毫升、水 500 ~ 1000 毫升，灌服。以制止继续发酵产气。

瘤胃穿刺放气出现泡沫样内容物，放气困难时可采取方法是。松节油 200 毫升或汽油 200 毫升、煤油 250 毫升，借助穿刺针直接注入瘤胃内或用胃管灌服。或用大蒜 200 克，捣碎，加香油 300 克、醋 250 毫升，胃管投服。

3. 中药治疗

以消食化气，通畅利水为原则。

方 1：莱菔子 150 克、芒硝 200 克、滑石 100 克，共研末，加食油 500 毫升，酸菜水 2 大碗或醋 2 大碗，调匀灌服。

方 2：山楂、神曲、炒麦芽、莱菔子各 100 克，炒枳壳、木通、陈皮各 40 克。水煎灌服。小牛酌减。主治：食胀。

方 3：枳壳、广木香、陈皮、槟片、茴香各 50 克，莱菔子

（炒）200克。共煎汁，加大蒜四两，捣碎，同调灌服。

方4：陈皮、二丑、大黄、莱菔子各75克，焦山楂、焦白术、炒枳实、川厚朴各100克，朴硝、甘草各50克。水煎灌服。主治：误食霉败饲料引起慢性膨气。

4. 针灸疗法

针苏气、通关、山根、耳尖、脾俞。

预防：不到牧草茂盛或雨露刚过的牧地放牧，防止贪食过多幼嫩的豆科牧草或其他易发酵的青草。对奶牛一定要按体重和产奶量定量供给精饲料，饲喂要制度化，禁止饲喂霉变饲料，防止膨气发生。

（四）瘤胃积食

病因：由于饲养不当，牛采食了大量粗硬劣质难以消化的饲料；或偷食了过多的精料；或突然饲喂适口性好易膨胀的饲料；或牛饥饿过度贪食等而引起发病。继发于前胃弛缓，创伤性网胃炎，瓣胃阻塞等疾病。其主要特征是食欲减退，瘤胃急性扩张、坚硬。多发生于冬春季节。

临床主症：病牛食欲减退或废绝，反刍、嗳气减少或停止，鼻镜干燥。轻度腹痛、背腰拱起，后肢踢腹，呻吟摇尾。左侧下腹部膨大，触诊瘤胃，病牛疼痛不安。瘤胃内容物坚硬，叩诊呈浊音。排粪迟滞，粪便干少色暗，有时排少量恶臭的稀便。

诊断：主要根据发病时间急促，临床主症，可做出诊断。

治疗：以下泻，兴奋瘤胃蠕动，止酵为原则，必要时可采取强心，补液等措施。

1. 西药治疗

（1）病症较轻的可绝食2～3天，并给以足够饮水，同时按摩瘤胃，每次20分钟，每日2～3次。麦芽、力曲各100克煎水内服。重症病牛内服硫酸钠或硫酸镁500～800克，加松节油

30~40毫升，水5~8升，一次内服。

（2）洗胃。先用0.1%高锰酸钾溶液洗胃，一般用大胃导管，尽量把胃中的食物多洗出一点，然后灌入5%碳酸氢钠溶液500~1000毫升。

（3）10%氯化钠500毫升，10%安钠咖注射液20毫升，静脉注射。每日1次，连用2~3天。

（4）机体脱水和酸中毒时，可用5%葡萄糖生理盐水1000~2000毫升，25%葡萄糖500毫升，5%碳酸氢钠500毫升，10%安钠咖20毫升，一次静脉注射。

2. 民间疗法

植物油500~1000克、蜂蜜500~1000克、新鲜西瓜子150~200克，一次灌服。

3. 中药治疗：以健脾开胃，消食化气为主。

方1：朴实三仙散

川厚朴15克、枳实35克、炒山楂100克，煨草果、贯众各25克，炒麦芽150克，神曲、川大黄各50克，陈皮30克，花槟榔、台乌药各30克，焦白术40克、朴硝20克。共为细末，大蒜根煎水灌服。

方2：和胃消食汤（牛经备药方）

刘寄奴、槟榔、茯苓、枳壳、山楂各50克，厚朴、木香各25克，木通、青皮各30克，甘草20克。煎水候温灌服。

4. 针灸疗法

针脾俞、滴明穴。

预防：加强饲养管理，科学配制日粮。粗饲料加工软化后饲喂，避免突然更换饲料，防止偷食精料。适当运动，饮水充足。

（五）前胃弛缓

前胃弛缓（中兽医称脾虚蔓草）是由于前胃运动功能减弱，影响反刍，食欲，嗳气和食物消化的一种疾病。主要特征是反刍迟缓或停止，食欲减退或废绝，嗳气减少或停止，瘤胃蠕动音减弱或消失，粪便病初干硬，继而腹泻。舍饲牛常发此病，尤以成年乳牛多见。

病因：主要由于饲养管理不良造成。长期饲喂粗硬劣质难以消化的饲料；饲喂柔软刺激性小或缺乏刺激性的饲料；饲料单一品质差，特别是冬季，长期舍饲，缺乏青料；突然变更饲料品种和饲喂次数；饲喂过多的精料和渣糟类饲料；环境不良，受寒感冒，密集饲养等。

临床症状：根据病程可分急性与慢性前胃弛缓两种类型。

（1）急性前胃弛缓

患牛病初体温、脉搏、呼吸无大变化。精神沉郁，食欲减退，有时仅采食精料和新鲜干草，反刍缓慢无力。口腔干燥，唾液黏稠，呼出难闻气体，经 1 ~ 2 天后食欲废绝，停止反刍。瘤胃蠕动极弱，触诊上部松软，蠕动音减弱或消失。粪便干硬，表面有粘液或发生腹泻，粪便恶臭。

（2）慢性前胃弛缓

患牛反刍不规则，瘤胃呈现间歇性鼓气，有一定食欲，腹部卷缩，随着时间的拖延，出现便秘或肠炎。

诊断：根据其特征，如食欲异常，瘤胃蠕动次数减弱减少，体温、脉搏、呼吸几本正常等即可诊断。

治疗：

1. 西药治疗

（1）健胃和促进反刍。龙胆酊 50 ~ 100 毫升，潘木鳖 20 ~ 30 毫升，内服，以上两药可单独也可混合内服。

（2）缓泻与制酵。可用硫酸钠（硫酸镁）500 克，鱼石脂 30 克，酒精 100 毫升，加温水 5 升，一次内服。

（3）兴奋瘤胃蠕动。可用新斯的明 20 ~ 30 毫克，皮下注射。或用 10% 氯化钠 300 ~ 500 毫升，5% 氯化钙溶液 200 ~ 300 毫升，一次静脉注射。注意氯化钙注射时速度不能太快。

（4）改变瘤胃内环境，调整瘤胃 pH 值，可内服人工盐 300 克，碳酸氢钠 80～100 克。

（5）如果是体质衰弱，脱水和严重酸中毒的应补液，强心和调整酸碱平衡。可用 25% 葡萄糖 500～1000 毫升，5% 葡萄糖生理盐水 1～2 升，5% 碳酸氢钠 300～500 毫升，维生素 C 40～60 毫升，20% 安钠咖 10～20 毫升，硫酸黄连素 50～100 毫升，一次静脉注射。

2. 民间疗法

樟树苏、石菖蒲、生姜、大蒜、鱼腥草各适量，切碎捣烂，加盐擦口或喂牛，可促进食欲和瘤胃蠕动。

3. 中药治疗

方 1：党参、黄芪、茯苓、神曲、枳壳、榔片各 50 克，白术（土炒）40 克，泽泻 30 克，青皮、甘草各 20 克，木香、厚朴、苍术各 25 克。共为末，开水冲服。

方 2：枳炭、滑石、芒硝、榆白皮各 100 克，陈皮 40 克、当归 75 克，榔片、郁李仁、大黄、二丑各 50 克。

将芒硝、滑石、二丑研为细末，余药煎汤，加猪油半斤为引，同调灌服。

预防：加强饲养管理。按照牛不同生长发育阶段，科学搭配日粮，要供给充足的优质干草，青料，以及维生素，矿物质饲料；粗硬饲料加工软化后再喂；不要突然变换饲料和饲喂次数；不喂霉变和冰冻饲料；注意防寒保暖，防止受寒感冒，增进机体抵抗力。

（六）中暑

中暑是日射病和热射病的统称。在炎热季节、高温多湿条件下多发。

病因：一是炎热夏季在阳光直射下暴晒或放牧，出汗过多又缺少饮水，特别是在湿度大，气温高和无风的条件下，容易发病。二是牛舍低矮、窄小，通风不良或潮湿闷热，牛体肥胖，饮水不足，引起本病。三是天气炎热，长途运输车通风不良，过度拥挤，可促使本病发生。四是体质虚弱，缺乏运动，皮肤卫生不良，过度肥胖，汗腺分泌功能降低或心脏功能不全，容易诱发此病。

临床主症：病牛精神萎靡，沉郁，对外界刺激反应减弱，大量出汗，运动失调。病情加重时，站立不安，伸张头颈，呼吸紧迫。重症病牛可视黏膜发绀，静脉怒张，心律不齐。瞳孔散大，视力明显减退，体温 40～42℃，有些病牛表现出神经症状，后期脱水，呼吸间歇，体温下降，昏迷，陷于窒息和心脏麻痹死亡。

预防：

（1）每年夏季来临之前，应尽早做好防暑准备工作。

（2）夏季放牧和运动应选择在清晨和傍晚时间。

（3）进入夏季，气温超过 30℃时，每天给牛冲凉 1～2 次，35℃以上高温可冲洗 3～4 次，注意：刚分娩的母牛不冲洗。牛场室内安装电扇或排风扇进行防暑降温。

（4）并喂防暑中草药进行防暑降温。

方 1：滑石粉、甘草按 6∶1 的比例喂给。

方 2：香薷、板蓝根、薄荷、车前草、淡竹叶、金银花、青蒿、藿香、夏枯草等各适量，水煎服。

治疗：

1. 民间疗法

用冷水淋浇冲洗全身，或用电扇降温，也可用凉水灌肠，促进散热。再用西瓜 10～15 千克捣烂加白糖少量，加冷水内服。

2. 西药治疗

当病牛有静脉瘀血，肺部出现啰音或肺水肿时，可静脉放血 1~2 升，然后再注入复方氯化钠注射液 2000~4000 毫升，应注意强心和兴奋，可注射 10% 樟脑磺酸钠 20 毫升等强心药。

3. 针灸疗法

可取太阳、山根、血印、尾根、百会、涌泉、滴水等穴。

4. 中药治疗：宜清热解暑。

方 1：香薷、黄连、花粉各 30 克，黄芩、当归各 35 克，甘草 10 克，柴胡、栀子各 20 克，连翘 28 克。共研为末，开水冲，待温和时加蜂蜜 20 克，调和灌服。

方 2：滑石 250~500 克，甘草 250 克，煎水内服。

方 3：玄参、天花粉、生地、枝子各 150 克，二花 100 克。煎水内服。

（七）肺炎

肺泡或肺间质炎症称为肺炎。牛的肺炎主要呈卡他性，由支气管炎症蔓延到肺泡所致。分卡他性肺炎、支气管肺炎、小叶性肺炎。由异物进入肺部引起的，称异物性肺炎。

临床主症：患牛咳嗽，鼻和气管分泌物增多，食欲紊乱，体温升高，支气管啰音。当牛体温达到 40~41℃，而且厌食时，脉搏为每分钟 80~100 次，同时肺部听诊出现捻发音及支气管罗音，即可诊断为肺炎。

治疗：

1. 西药治疗

（1）青霉素，链霉素。青霉素 320 万单位，链霉素 4 克，加注射用水适量，肌内注射，每日 2 次，连用一周。

（2）磺胺类药物。磺胺二甲基嘧啶钠注射液 0.07 克/千克体重，肌内注射，连用 2 天。

2. 中药治疗

方 1：川贝 45 克、百合 100 克、瓜蒌 7 个（焙黄），甘草 15

克、姜半夏24克，共研为末，每次30~45克，开水冲调，一次灌服。

方2：鱼腥草、鸭跖草各200~400克，水煎灌服。

（八）尿血

本病乃膀胱即热或肾经受伤而引起排尿带血，故名尿血。

病因：多因暑月炎天使役过急，饮喂不调，而使三焦积热，心受其邪而流注小肠，郁积淤膀胱，而发生尿血。此外，如因负重起力而挫伤腰肾也能导致此病。

临床主症：尿色带红，口色淡红，脉象沉数，病轻牛食欲反刍减少，排尿时蹲腰伸头，尿呈红色，或淋滴不畅；病重牛行动缓慢，多卧少立，毛焦欣吊，尿呈暗赤色且带血块。

治疗：以清内热利小便为主。

方1：加味导赤散

木通50克、萹蓄70克、酒知母80克、酒黄柏60克、滑石100克，棕皮炭、车前子、枝子各50克，甘草30克。

共为细末，分两次温水调服。

方2：牛膝木通饮

当归、赤茯苓、甘草梢、枝子、赤芍、木通各100克，贝母、青木香、红花各50克，川牛膝150克，滑石200克，陈皮40克。共煎水分两次灌服。

方3：秦艽瞿麦散

秦艽、瞿麦、车前子、木通、炒蒲黄、甘草梢、焦枝子、黄连、生地、黄芩各15克，黄芩、白芍、花粉、大黄、滑石、赤茯苓、连翘各20克，当归40克。

共为细末，用竹叶、灯心各一把煎汤冲药，候温灌服。

方4：治牛尿血方

车前草500克、侧柏叶（炒灯）250克、灯心草20克。

煎水去渣加童便二碗调合，候温灌服。

（九）食道梗塞

病因：多因饲料调节不当，比如料块过大，或饥饿后误食了土豆、小萝卜等大块饲料后急咽而引起的。

临床主症：牛表现反刍停止，时而哞叫，完全梗塞时，瘤胃迅速臌胀，同时表现呼吸困难，有时引起膈破裂或窒息死亡。

治疗：

（1）因食道梗塞引起瘤胃臌胀时，可进行瘤胃穿刺术。

（2）如果梗塞物在咽部或食道上1/3处，可先用胃导管灌入液体石蜡，然后用手将梗塞物自下往上推至咽部，从口腔中伸手取出。手不易取出时，可用铁丝套环取出。

（3）对吞食土豆、地瓜、苹果等脆弱物体梗塞在颈部食道时，可用棉花垫在梗塞部，用锤子打碎或用捡蹄钳夹碎。

（4）如果是颗粒性饲料梗塞，可将胃导管插入梗塞部，灌入适量的温水，轻轻移动胃导管，随即将牛头放低，反复冲洗，可洗出梗塞物。

（5）打气法。将患牛保定好后，插入胃导管至梗塞部，连接打气筒，有节奏地向内打气，趁食道扩张，推进胃导管，将梗塞物推入胃内。

预防：搞好饲料调制。平时管理好牛，防止误食土豆、地瓜、萝卜等块大饲料。

（十）创伤性网胃炎

病因：牛吃进混在饲料中的尖锐异物，如钉子、铁丝等刺伤网胃而发炎。如果较长的尖锐异物穿透膈肌刺伤心包，则并发创伤性心包炎。

临床主症：病初表现前胃迟缓，时发臌胀，消化障碍，粪便干燥。随着病程的逐渐发展，出现典型症状，病牛不愿意活动，强行运动时步样迟滞，步幅缩短，回避越沟前进，不愿卧下，卧下或下坡和急转弯时，表现非常小心。起立时先起前肢，站立时前肢张开、肘外展，常呈现前高后低姿势。呻吟，痛苦不安，有的腹痛，回顾腹部，肘肌震颤。触压剑状软骨区、网胃区或强力压迫耆甲部时，疼痛剧烈，呻吟，躲闪。呼吸浅表而快，心跳急数，体温有时升高。

发生创伤性心包炎时，除了有上述症状外，颈静脉出现阳性波动、怒张，结膜呈现蓝紫色。心脏听诊初期有杂音，后期模糊不清，但有明显的拍水音。通过胃导管向胃内吹气，病牛表现疼痛加剧，协助诊断。

治疗：

（1）消除炎症，防止感染。可用抗生素和磺胺类药物治疗，内服健胃缓冲剂。

（2）用特制的磁铁，经口投入网胃内，取出金属异物。或给每头牛都装上特制的磁铁鼻环，以便吃食时吸附碰到的金属异物。

（十一）肺热

病因：本病多发生于夏季。由于使役过急，热气熏蒸，以致热邪积于肺经；或者天气炎热，长途运输而又乘机食热草料，致使肺经雍热。

临床主症：精神不振，反刍减少，水草迟细，口有热涎，鼻镜微干燥，呼吸稍喘，有时咳嗽。大便干燥，小便微黄。口色赤红，脉象红大。

1. 中药治疗：以清肺祛痰为治疗原则。

（1）加减二母散：知母40克、贝母40克，黄药、白药、大黄各50克，甘草、郁金各25克。将上药共研为末，水调灌服。

（2）百花散：百合50克，花粉、贝母各40克，川军、桔梗、杏仁、寸冬各35克，甘草、马斗铃各25克。将上药共研为末，水调灌服。

2. 针灸疗法：彻大脉、通关血。

预防：炎热季节注意防暑降温，喂给青草，饮凉水。

（十二）胃肠炎

病因：由于饲料霉变，饲养失调，饮水不清洁，风寒感冒，或者中毒等引起的胃肠黏膜及黏膜下层组织发生炎症的一种疾病。

临床主症：精神沉郁，食欲减退，有时废绝，反刍停止。体温升高，结膜潮红，脉搏增数，呼吸加快。瘤胃蠕动减弱，轻度膨胀。腹泻，粪稀如水，或排出少量而恶臭的粪便，个别粪便里带血或腥臭。

1. 西药治疗

（1）首先禁食 24 小时左右，此后喂给少量青绿饲料。

（2）氯霉素 0.5～3 克，加入葡萄糖盐水静脉注射，每天 2～3 次。

（3）每天服磺胺脒、小苏打各 35～40 片，每日 3 次，首次倍量。

（4）灌服 0.1% 高锰酸钾液，牛犊 200 毫升，成牛 300 毫升，每日 1 次，连用 2～3 日。

2. 中药治疗

方 1：归尾、乌梅、焦山楂各 20 克，苍术、黄连各 15 克，炒谷芽、炒麦芽各 30 克，百草霜 50 克，甘草 10 克。将上药共为末。红糖四两为引，开水冲服。

方 2：猪苓、胡连、泽泻各 40 克，地肤子、乌梅、呵子、车前子、扁豆各 50 克，焦山楂 100 克、竹叶为引。煎服。

方 3：姜黄、呵子、乌梅各 40 克。黄连 15 克。共为末，开水冲服。适用于牛犊使用。

方 4：灶心土两把，炒盐少许，加水灌服。主治：拉稀带血。

方5：乌梅、山茱萸、牡蛎、黄芩各25克，诃子、焦术、葛根、升麻各20克，龙骨、茯苓、猪苓、甘草各15克，车前子、赤石脂各30克，山药35克。共为末，开水冲服。

（十三）牛真胃炎

本病奶牛多发。是牛胃肠道疾病中较为多发的一种疾病。此病一年四季均可发生，但以春秋两季多发。

病因：主要因精料过多，缺少粗饲料，饲料单一，饲喂霉变玉米或质量差的饲料等因素引发。

症状：患病牛病初精神稍有沉郁，食欲减退，反刍次数减少，对精料不感兴趣而且时常剩料，饮欲相对减少。随着时间的延长，患牛表现为精神沉郁，鼻镜干燥，眼球下陷。心音亢进、加快、节律不齐。排粪量少而干燥，粪便表面光滑有黏液，粪便中的草粗糙而长。

治疗：

苍术20克、香附15克、甘草15克、陈皮30克、厚朴20克、蒲公英50克、地丁50克、双花40克、连翘40克、郁金20克、枳壳25克、胡盐50克。每天一剂，连用3～5天。

根据肌体脱水及酸中毒程度进行补液。可强心补液、纠酸解毒，一般每日补充液体量1000～1500毫升，同时可配合应用抗生素。必要时可进行瓣胃注射链霉素、环丙沙星等。

预防：加强饲养管理，科学配制饲料。不喂霉变和质量差的饲料。对患病牛及早治疗。

（十四）瘤胃酸中毒

多发生于奶牛，主要是饲喂精料过多，精粗饲料比例不当而引起。一年四季均可发生。但以冬春季较多。临产牛和产后3天内的奶牛发病率较高。通常发病率与产奶量成正比例关系，产奶量越多，发病率就越高。

症状：一般没有明显前驱症状，多于采食后3~5小时内死亡。慢性病例卧地不起，于分娩后3~5小时瘫痪卧地，头、颈、躯干平卧于地，四肢僵硬，呻吟、兴奋、甩头，而后精神极度沉郁，全身不动，眼睑闭合，呈昏迷状态。

本病多发生于分娩后，有瘫痪卧地症状，极易与产后瘫痪混淆。区别是产后瘫痪颈部呈S型弯曲，末梢知觉有所减退，通常无腹泻和神经兴奋症状，钙剂治疗效果显著，多于治疗后1~2天痊愈。

预防：日粮中加碳酸氢钠等精料饲喂高产奶牛，日粮中加入缓冲剂。干奶期奶牛的营养水平不应过高。严禁增料催膘、催奶和偏饲。每天保证供应3千克左右优质干草。

治疗：

1. 解毒常用5%碳酸氢钠注射液1000~1500毫升静脉注射，12小时再注射一次。当尿液pH值在6.6时，立即停止注射。

2. 降低颅内压，解除休克。当牛兴奋不安或者甩头时，可用甘露醇，每次250~300毫升，静脉注射，每天2次。

3. 补充水和电解质常用5%葡萄糖生理盐水，每次2000毫升左右，病初量稍大些。

4. 防止继发感染可用抗生素。如庆大霉素100万单位，一次静脉注射，每天2次。

5. 洗胃法除去胃内容物，降低瘤胃渗透压，治疗牛瘤胃酸中毒效果良好。其方法是用内径2530毫米的塑料管经鼻洗胃，管头连接双口球，用以向胃内打水和抽出胃内容物。应用大量水洗出瘤胃内酸性物质。

（十五）牛自汗症

牛自汗症也叫盗汗症，多发生于奶牛。老龄、犊牛、瘦弱及产后的母牛多发。在春秋季节气候多变时，膘情良好的牛多发。

症状：牛患病后脊、腰、双肋汗出如露珠，心率加快，呼吸急迫。有的牛体温偏高、流清鼻涕、鼻鸣、低头耷耳，行走如酒醉，不喜饮水。治疗不及时，易造成死亡。

治疗：

1. 西药治疗

静脉输入安嗅100～200毫升、10%维生素C50毫升、25%葡萄糖1000毫升、40%乌洛托品80～100毫升。肌内注射盐酸消旋山莨菪注射液10～20毫升，每天1～2次，连用2～3天。

2. 中药治疗

（1）产后虚弱、体瘦患牛，可采用下列药方：五味子40克、黄芪100克、白术60克、麻黄根60克、防风50克、浮小麦40克、太子参50克、牡蛎40克。将上药共研细末后连服2～4剂，一日一剂。

（2）气候骤变、寒风邪气侵袭致病的患牛，可以采用下药方：何首乌100克、黄芪80克、生干姜40克、桂枝60克、白芍50克、防风40克。将上药共研细末后连服2～3剂，一日一剂。

七、牛中毒病

牛食入有毒物质被机体吸收后，在一定的条件之下破坏了牛的正常生理功能，引起牛发病甚至造成死亡。实践中来看，中毒性疾病是一种群发病，容易与传染病等疾病相混淆，因此，必须及时准确诊断，对症进行治疗，才能减少经济损失。

1. 阻止毒物继续从外界进入机体

尽快使动物离开被毒物质污染的环境，立即停食有毒饲料或饮用水。

2. 尽快清除牛胃肠道内的毒物

对刚进入胃内的有毒物质，可用温水、淡盐水、0.1%高锰酸钾、浓茶水等进行反复洗胃，或内服催吐药品。中毒时间较长时，用温水或肥皂水灌肠，并喂服轻泻药加速毒物质尽快排出。

3．解毒

已出现中毒症状时应立即采取有效解毒措施。

（1）放血。根据中毒的轻重体重大小，一次可放血1～2升。

（2）补液。静脉注射5%～10%葡萄糖1～2升，每天1～2次。

（3）利尿。大部分毒物要通过肾脏排出，可用利尿药促使其排尿。

（4）采取对症治疗方法并预防并发症发生。表现兴奋或痉挛时，可用镇静、抗痉挛药物；心衰时用强心剂；酸中毒用5%碳酸氢钠等其他治疗方法。

4．中毒的预防

不喂发霉腐败饲料；防止误食喷洒农药、化肥的饲草及作物；新鲜作物及蔬菜堆放发酵后禁止喂牛；保管好农药、化肥等有毒物品。

（一）尿素中毒

病因：尿素常被用作牛的饲料添加剂。当牛尿素饲喂量过大或牛误食过量尿素；以及在饲料中添加的尿素混合不均匀；或者将尿素拌入饲料里长时间堆放，牛食入后都可以引起尿素中毒。尿素添加量通常以20～50克/100千克体重为宜。饲料蛋白质不足时，尿素添加量不能超过日粮总氮量的1/3。

临床症状：急性中毒时，病牛流涎，磨牙，腹痛，踢腹，尿频，呕吐，抽搐，肌肉震颤，运动失调，强直性痉挛，呻吟，心率加快，呼吸困难，全身出汗，瘤胃臌胀，死亡快。病牛死前体温升高。慢性中毒时，病牛后躯不全部麻痹，四肢发僵，以后卧地不起。

治疗：

1．民间疗法

（1）发现中毒后，立即罐服食醋或稀醋酸等弱酸溶液。食醋 500 毫升，加水 1 升，一次口服。1% 醋酸 1 升，糖 250～500 克，水 1 升，一次口服。

（2）中毒后发生急性瘤胃鼓气时要及时实行瘤胃穿刺放气，放气速度不能太快。

（3）灌服冰水 20 千克以上，以稀释胃容物，减少氨的吸收。

2. 西药疗法

静脉注射 10% 葡萄糖酸钙液 200～400 毫升，或静脉注射 10% 硫代硫酸钠液 100～200 毫升。同时应用强心剂、利尿剂、高渗葡萄糖等疗法。

预防：饲料中尿素的添加量不超过总日粮的 1%，添加尿素的饲料要搅拌均匀，防止混合不匀，牛食用尿素量过多引起中毒；不能把尿素加入水中饮用；喂后 2 小时以内不能饮水；牛犊不宜喂尿素。

（二）蛇毒中毒

牛被毒蛇咬伤现象时有发生。因毒蛇种类不同，牛被毒蛇咬伤后所表现的症状也不一样，伤口越接近头面部或血管丰富的部位，临床症状也越重。

临床症状：分 3 种类型，不同类型症状有所不同。

神经毒型：被眼镜蛇、金环蛇及银环蛇咬伤所致，伤口出血不多，无肿痛或有轻微的肿胀和疼痛，但全身症状明显，患牛体温升高，心跳加快，全身痉挛，呼吸加快，口吐白沫，四肢麻木，常因抢救不及时而造成死亡。

血毒型：由竹叶青，蝰蛇等咬伤所致。其毒素主要侵害牛心脏血管系统。咬伤处出血多，肿胀剧痛，瘀血，发热，切开伤口呈现紫黑色水肿，肿胀扩散很快。在 1 小时内，从被咬的四肢扩散到头、颈、背部等处，出现视力障碍，病牛体温升高，少尿或闭尿，全身抖颤，呻吟，昏迷，严重者死亡。

混合毒型：主要由蝮蛇咬伤所致，病牛出现以上 2 种中毒的混合型症状，咬伤部位出血，肿胀发热，全身浮肿，体温升高，心脏衰弱，呼吸急促，全身痉挛等。

治疗：

1. 民间疗法

方1：局部处理法。伤口在四肢时，距伤口6～10厘米处，用细绳扎住，捆扎伤肢的绳不能勒得太紧，以不妨碍动脉血流通为限，每隔15～20分钟放松1～2分钟。并用肥皂水，10%氨水，0.3%的高锰酸钾液冲洗伤口；或者烙烧伤口。清除毒牙，切开伤口，挤压或用拔火罐的方法吸出毒汁。

方2：用独脚莲根加醋捣碎后涂于咬伤的局部四周，每日上、下午各涂1次。

方3：蜈蚣适量研末，加猪苦胆调匀，涂于创面。

方4：雄黄1克，酒精100毫升，米粒大麝香1粒，七叶一枝花200克。用三棱针乱刺肿胀的患部出黄水或出血，外涂1%的雄黄酒精。将牛的天门穴划破，在皮下埋植麝香，然后胶布固定，尾尖划破出血。其次将七叶一枝花研细，一次灌服，连用3日。雄黄酒精1日擦3次。

方5：雄黄30克研末，青黛60克，凉开水2.5升。先将青黛与水拌匀。然后与雄黄粉调匀。取100毫升慢慢点伤口处，其余慢慢灌服。

方6：四季青50～100克。将四季青连根拔起洗净，将根外皮打绒加入人唾液调匀，视伤口大小包裹。1日1换，一般2～3次。

方7：青蒿150～300克，加水1～2升，煎熬到0.7～1.5升。大牛一次灌服。其余药和渣，涂擦患部。

2. 西药疗法

（1）封闭疗法。0.25%普鲁卡因加入稀释好的青霉素，封闭患部周围；或在伤口周围注射0.1%的高锰酸钾，0.2%碘酊，

0.3% 双氧水。

（2）抗蛇毒血清 50 毫升，静脉注射，2 小时再重复一次。用血清注射咬伤周围，然后解除捆扎绳。

（3）南通蛇咬片，每次 10～20 片，研碎后加白酒及适量水灌服，以后半量，每 6 小时服一次。

（4）葡萄糖、生理盐水、甘露醇、强心剂、维生素 C、肾上腺皮质激素等配合治疗。

预防：做好牛场的灭鼠工作，以防毒蛇入场食鼠而咬伤牛；禁止在毒蛇出没地放牧，放牧人随身携带蛇咬片、捆扎带及外伤救治药。

（三）霉饲料中毒

病因：由于饲料贮存不当，被霉菌污染后，霉菌在霉变饲料中繁殖并产生霉素，牛长期或短时间食入大量霉变饲料，就会发生中毒。能致病的有毒霉菌有很多种，其中危害最大的是黄曲霉毒素，对牛的毒性很强。在机体内主要损害肝脏。霉变饲料一般为慢性中毒过程。

临床症状：精神沉郁，呆立，少食或厌食，反刍减少，瘤胃蠕动缓慢。触及皮肤非常敏感，呼吸困难，有的后坐张嘴呼吸，视物不清，畏光流泪。间歇性腹泻，或腹泻与便秘交替出现，便中混有血液及黏膜。有的病牛颌下，胸，腹部水肿，全身肌肉震颤。奶牛泌乳停止。

治疗：

1. 民间疗法

方 1：一旦发现牛中毒立即停用霉变饲料，增喂青绿饲料，饮用淡盐水，并供给充足清洁饮水。

方 2：人工盐 400～500 克，加水灌服，既有下泻作用还会增强饮水欲望。也可用硫酸钠，硫酸镁等泻药排毒。

方 3：芒硝 150 克，小苏打 100 克，食盐 60 克，开水冲调，候温，大牛一次灌服。用于中毒初期。

方 4：甘草 250 克，绿豆 200 克，木炭末 100 克，共研为末，开水冲调，候温，牛一次灌服。

方 5：豆浆 5 升，大牛一次内服。治疗：霉玉米中毒。

方 6：二花 50 ~ 120 克，黄连 20 ~ 30 克，蒲公英 50 ~ 150 克，共为末，开水冲调，候温加入麻油 200 ~ 500 毫升，大牛一次灌服。

方 7：连翘 25 ~ 70 克，二花 30 ~ 80 克，绿豆 100 克，甘草 20 克，大牛一次灌服。

2. 西药疗法

25% ~ 50% 葡萄糖 1000 毫升，加维生素 C 及强心利尿药。并配合注射复方氯化钠、5% 糖盐水等。

预防：贮存好饲料，防止发霉变质。不喂霉变饲料。

(四) 霉稻草中毒

病因：如果水稻收割季节降雨量大，收割的稻草都有不同程度的霉变，牛因采食霉稻草而引起中毒。此病有明显的季节性和区域性，一般在 10 月中旬至次年 3 月份。在南方发病率高。在冬季舍饲时青饲料少而且粗饲料以稻草为主，所以引起中毒较多。

临床症状：病初步态僵硬，后肢明显间歇性提举，蹄冠微肿，有痛感。数日后，肿胀蔓延至腕关节，有的甚至达到股部或肩部，呈明显跛行。以后肿胀部皮肤变冷，无痛，表面渗出黄色或黄红色液体，随病情的发展，肿胀部皮肤破溃，出血，化脓坏死，恶臭难闻。最后蹄痂松动，乃至蹄痂，趾（指）关节脱落。有的肿胀消退后，皮肤呈干性坏死。常伴有耳尖和尾尖坏死，病部干硬呈褐色，最后逐渐脱落。病牛精神状态和食欲变化不大，病后期则精神萎靡，食欲减退，结膜潮红，皮肤干燥，被毛粗乱，产奶量降低。体温，脉搏，呼吸均正常。

预防：收割稻季节必须及时晒干稻草。避免雨淋后堆垛稻草发霉，严禁饲喂霉变的稻草。

治疗：立即停喂霉烂稻草，改喂优质干草或其他粗料，增加营养并对症治疗。

1. 民间疗法

方1：皮肤无破溃时，热敷。

方2：破溃发炎时，用0.2%高锰酸钾溶液冲洗，清理浓汁和坏死组织并涂以抗菌素消炎药膏。

方3：白胡椒20～30克，白酒200～300毫升，牛一次灌服。

方4：白糖300～600克，胡麻油300～500毫升，鸭蛋5～12个去壳，泡菜盐水100～250毫升，加水1～2升，调匀后，大牛一次灌服，每日1剂，连服2剂。

方5：茶叶20～30克，甘草10～15克，煎汁，然后加大蒜秆80～100克、生青蒿70～100克煎沸3～5分钟，将药汁与生石灰水（生石灰200～400克，兑水2～4升，搅匀取澄清液备用）混合灌服。

2. 西药疗法

用10%～25%葡萄糖、维生素C等静脉注射。

（五）氢氰酸中毒

高粱幼苗、玉米幼苗，木薯、亚麻、豌豆、蚕豆、三叶草等植物，含有较多的氢氰酸的衍生物氰苷配糖体，牛如果大量采食，即可引起中毒。以及在利用青菜、甜菜、萝卜和各种野菜时，调制不当，如煮得半生不熟，温度保持在60～70℃，由于水解作用而产生的一种属于氢氰酸一类的剧毒物质，尤其是盖锅焖煮或者是盖锅储放时蓄积更多，均可引起中毒。

临床症状：一般在采食过程中或采食半小时左右出现症状。表现站立不稳，呻吟苦闷，患牛不安，流涎，呕吐。可视粘膜潮红，呼吸极度困难，抬头伸颈，张口喘息，呼出气体有苦杏仁味。肌肉痉挛，出汗，体温正常或低下。随病程发展，则精神沉郁，全身衰竭无力，卧地不起。结膜发绀，瞳孔散大，眼球震颤，脉搏细数无力，全身抽搐，很快窒息死亡。

治疗：

1. 西药疗法

（1）立即应用特效解毒剂亚硝酸钠或硫代硫酸钠解救。1%亚硝酸钠液、10%硫代硫酸钠液，均以每千克体重 1 毫升，静脉注射。最好先静脉注射 1% 亚硝酸钠液，经 2~3 分钟后再静脉注射 10% 硫代硫酸钠液。

为了阻止胃肠内氢氰酸的吸收，可口服或向瘤胃内注入硫代硫酸钠 30 克，也可用 0.1% 高锰酸钾或 3% 过氧化氢溶液反复洗胃。

2. 民间疗法

方 1：二花 60 克，绿豆 500 克，加水 3 升煎汤 2 升。连渣给牛灌服。

方 2：甘草 100~200 克，二花 30~60 克，加水适量煎沸，和绿豆（磨浆）300~500 克，加鸡蛋 3~7 个的蛋清，牛一次灌服。

预防：一是禁止饲喂高粱幼苗、玉米幼苗等富含氰苷类植物。二是加酸煮菜。氢氰酸容易在酸性液中挥发，所以在煮饲料时，可加入少量醋，煮后打开锅盖。三是现煮现喂。由于氢氰酸大都是由氰苷类在适宜温度下分解产生的，如煮熟后，搅拌晾温再饲喂，就可防止大量的氢氰酸产生。用亚麻籽饼饲喂牛时，可以碾碎干喂，喂后不要立即大量饮水。用亚麻籽饼作饲料时，要适当搭配其他饲料。且不宜过多。

（六）栎树叶中毒

栎树以南方丘陵地区多见。栎树叶中毒一般发生在 4~5 月份，清明前后为发病高峰。栎树枝芽、花、叶、种子都含有毒成分栎单宁。不同季节含量不同，一般以春季新萌发的嫩枝毒性较大，此时为栎树长叶之时，又是牧草缺乏时期，牛很容易食入大量栎树嫩叶而发病。中毒症状一般在食后 1 周左右出现。

临床症状：病牛初期精神萎靡，鼻镜干燥，厌食青草，仅吃少量干草，而后反刍减少，出现瘤胃鼓气，大便干燥秘结，并有黏液和血液，尿少。大多数患牛的下颌，肉垂，前胸，腹部等部位皮下水肿。后期腹泻，粪便腥臭难闻。磨牙，呻吟，全身肌肉颤抖，体温 37℃，呼吸困难，卧地不起。病程一般 7～20 天。

治疗：治疗原则是解毒、利尿、消肿。

1. 西药疗法

（1）10%～25% 葡萄糖液 1.5～2 升，维生素 C40 毫升，10% 安纳咖 10～20 毫升，40% 乌洛托品 60～80 毫升，分别加入瓶内，静脉注射，每日 1 次，连续治疗 3～4 天。

（2）5% 碳酸氢钠 500 毫升，每日 1 次，静脉注射。

（3）硫酸钠 300～400 克，加温水 2000 毫升灌服。

（4）青霉素、链霉素肌内注射。

此病为慢性中毒，对胃肠，肾的损伤比较严重，用中西医结合治疗效果更好。

2. 中药疗法

方 1：金银花、党参各 50 克，连翘、麻仁、车前子、蒲公英各 40 克，黄连 20 克，滑石粉、黄芩、连翘各 30 克。每一 1 次，共服 3 天。

方 2：黄连、黄芩、黄柏各 35 克，大黄、猪苓、桔梗各 40 克，车前子、木通、茯苓各 50 克。每日 1 次，连服 3 天。

3. 民间疗法

方 1：鲜车前草 250 克切细，鸡蛋去壳 10 个，蜂蜜 250 克，菜油 300～600 毫升，混水适量调匀，牛一次灌服，连用 2～3 剂。

方 2：大蒜 100～200 克捣泥，胡麻油 300～500 克，混合均匀，牛一次灌服。

方3：烟叶100~150克，苦参、半夏各50克，上药切细加水煮沸1.5小时，取液500毫升候温，与胡麻油250克、石灰水混合灌服。

方4：酸菜水1~2升，大蒜捣泥30~70克，调匀灌服。

预防：栎树叶中毒在山区较常见。早春避免到栎树密集处去放牧。放牧前先饲喂草料，以免过食新鲜栎树叶造成中毒。早春放牧期间，每天增饮草木灰水，或低浓度的石灰水，有良好的预防效果。发现中毒现象，尽早治疗，喝苏打水，服泻药等，都能起到缓解作用。

（七）麦角中毒

麦角真菌寄生于麦类作物及其他野生禾本科植物中。麦角的麦角胺和麦角新碱为主要有毒成分。牛采食经麦角菌感染的糠麸，谷物等饲料后引起中毒。

临床症状：

（1）急性中毒。病牛流涎，心跳加快，心律不齐，呼吸加快。精神萎靡，喜睡，出现阵发性惊厥和肌肉强直，有腹痛，腹泻现象，有少数孕牛发生阴道脱出或流产。

（2）慢性中毒。患牛后肢跛行，随病情发展，前肢也受侵害出现跛行。患肢的球节、蹄冠肿胀，皮肤发生干性坏死脱落。有的患牛耳尖，尾部，乳房的皮肤发生坏死和脱落。

治疗：

1. 民间疗法

（1）0.03%温热高锰酸钾液3升洗胃或灌肠。

2. 西药疗法

（1）5%亚硝酸钠100~200毫升，静脉注射。

（2）硫酸阿托品15~30毫克，肌内注射，可缓解腹痛和腹泻。

（3）5%～10%葡萄糖注射液静脉注射，可缓解症状并促进痊愈。

（八）马铃薯中毒

马铃薯的外皮、幼芽及嫩绿茎叶中含有龙葵素，牛大量采食，即可引起中毒。马铃薯的茎叶中还含有硝酸盐，处理不当，硝酸盐可转化为亚硝酸盐而中毒。

临床症状：轻度中毒时，食欲减退，反刍停止，瘤胃蠕动微弱并出现轻度臌气；排便次数增多，便中混有血液；呕吐，口腔黏膜肿胀，口角周围出现水疱；肛门，尾根，四肢内侧和乳房等部位出现皮疹；体温38℃左右，心跳增快，心律不齐，呼吸增快，病牛流涎；奶牛泌乳量下降，妊娠牛流产。中毒中毒牛，兴奋狂暴，猛冲直撞，以后精神沉郁，后躯无力，步态摇摆，全身痉挛，死亡较快。

治疗：

（1）迅速清除体内有毒物。0.05%～0.1%高锰酸钾活0.5%鞣酸液洗胃。然后灌服盐类或油类泻剂，注意怀孕牛不宜用泻药。保肝解毒、强心利尿，可应用高渗糖、强心剂、利尿剂。兴奋不安时，应用镇静剂。

（2）发病早期灌服食醋1000毫升以上，并配合其他治疗，效果也较好。

（3）中毒引起的皮疹，先剪去患部被毛，用30%硼酸洗涤，再涂以甲紫，有防腐，收敛作用。

预防：不喂发霉腐烂的马铃薯。禁止用煮熟的马铃薯的废水饮牛。

（九）亚硝酸盐中毒

病因：白菜、油菜、菠菜、芥菜、韭菜、甜菜、萝卜、南瓜藤、甘薯藤、燕麦秸、玉米秸、苜蓿等青绿植物，是饲喂牛的好饲料，但含有数量不等的硝酸盐。这些含有硝酸盐的饲料，在饲喂前贮存、调制不当或采食后在瘤胃内可被还原成剧毒的亚硝酸盐引起中毒。

临床症状：通常牛在食后短时间内突然发病，尿频是本病的早期症状，可视黏膜充血，并很快成为蓝紫色。病牛流涎，呕吐，吐白沫，腹痛，腹泻，腹胀，站立不稳，全身痉挛。张口伸舌，呼吸困难，体温降低。乳房发胀并呈青紫色，怀孕牛流产。症状较轻的可以自愈。

治疗：

（1）2% 美蓝液，按每千克体重 4 毫克，或甲苯胺蓝每千克体重 2.5～5 毫克，配成 5% 溶液，静脉注射，效果良好。

（2）25%～50% 葡萄糖注射液，5% 维生素 C 60～100 毫升（每千克体重 5 毫克），静脉注射。

（3）3% 双氧水静脉注射或吸氧可缓解呼吸困难。

（4）灌服盐类或油类泻剂以排除毒素。

（5）喂服抗菌素或大量灌服凉水，可以控制细菌对硝酸盐的还原。

预防：防止突然过食富含硝酸盐的青绿饲料；严禁堆放青绿饲料，尤其青菜类；受雨雪浸泡过的青菜类饲料或青贮及干贮料，在饲喂前要摊开数小时或一夜。

（十）有机磷农药中毒

病因：一是牛采食被有机磷农药污染的饲料、青草、农作物和水引起中毒。如喷洒农药后 1～3 天，且未被雨水冲洗过的禾苗、田里的青草等引起中毒。二是由于农药保管和使用方法不当引起中毒。如用盛过农药的容器存放饲料或饮水，或在饲料旁边配制农药等引起中毒。三是用有机磷农药驱杀体内外寄生虫，用量过大或方法不当引起中毒。如灭疥癣时用植物油油脚调擦，极易引起中毒，因有机磷农药大多是脂溶性农药。

临床症状：体温变化不大，呼吸加快，口吐白沫，反刍停止，回顾腹部，踢腹，全身出汗，大便发黑，腹泻，瘤胃臌气，小便红赤失禁，全身痉挛，出现神经症状，如转圈、横冲直撞，最后因呼吸困难而死亡。

1. 西药疗法

阿托品为解毒首选药物。中毒牛对阿托品的耐受力增强，所以使用剂量是常用量的 2～3 倍。

（1）敌敌畏、敌百虫中毒。用阿托品 0.2～0.3 克，将总量的 1/3 加入葡萄糖中静脉注射，另外的肌肉或皮下注射。根据病情在 1～2 天内，每隔 2～3 小时重复注射一次。随病情的缓解，减少注射剂量和次数。

（2）蝇毒磷、乐果中毒。解磷定或氯磷定每千克体重 15～30 毫克，用葡萄糖液或生理盐水配制成 5% 的溶液，缓缓静脉注射。

（3）配合使用 10%～20% 葡萄糖，加维生素 C，利尿药等治疗。

（4）因误食农药中毒时，在以上方法治疗的同时，用温水洗胃，同时罐服活性炭 800～1000 克。

（5）药浴、喷洒治疗皮肤寄生虫等，通过皮肤中毒的。在抢救的同时，用肥皂水或淡碱水刷洗全身。

2. 民间疗法

（1）滑石、甘草各 120 克，明矾 70 克，绿豆 250 克，共研末。加水适量，大牛一次灌服。

（2）甘草 70～150 克，绿豆 300～500 克，共研末。开水冲调，候温，牛一次灌服。

（3）甘草 100～200 克，鸡蛋 10 个（用蛋清），生麻油 300～500 毫升，大牛一次灌服。

（4）绿豆粉 300～500 克，甘草末 100～250 克，滑石 80～

120 克，白糖 200 ~ 300 克。上药混合，加水供大牛一次灌服。

预防：

妥善保管好有机磷农药，防止污染饲草饲料；防止牛误食毒草和饮水，禁止在喷过农药不久的地段放牧或割草；给牛驱除体内外寄生虫时，要严格掌握用药剂量及浓度。

（十一）食盐中毒

病因：由于牛超量摄入食盐，加上饮水不足，引起的以消化道紊乱、脑水肿和神经症状等一系列病变为主要特征的中毒疾病。

临床症状：最急性中毒的，食欲废绝，反刍停止，饮欲增强，尿频尿少，口吐白沫，结膜潮红，体温不高，呼吸加速，脉急而弱。磨牙，怕光，肌肉震颤。反应迟钝，运动失调，做转圈运动，或有间歇性痉挛，后肢无力，瘫卧于地，呈犬卧或侧弯姿势。病牛先兴奋不安，继而昏迷，后期呼吸极度困难，多死于高度衰竭和窒息。中毒轻的牛，仅见食欲不振，严重脱水，躯体僵硬，进行性消瘦，治愈率较高。

治疗：

1. 西药疗法

确定食盐中毒后，立即停喂含盐饲料，并大量饮水，以降低胃肠中食盐的浓度。静脉注射 10% 葡萄糖酸钙注射液 1000 ~ 1500 毫升，每日一次，以拮抗钠离子；静脉注射 5% 盐糖水 2000 ~ 4000 毫升，速尿 25 毫升，每日一次，以补液利尿；5% 二硫基丙黄酸钠 0.3 克/千克体重，肌内注射，每日 2 次；维生素 C55 毫克/千克体重，肌内注射，每日 1 次，连用 3 天；心功能异常的，用强心药物；有神经症状的，可静脉注射甘露醇 1000 ~ 1500 毫升，一次肌内注射，每日 1 次；调整胃肠功能，可用健胃散 500 克。开水冲调，候温一次灌服；待食盐中毒症状完全解除后，脱水严重时应继续补液和适量补钾，腹泻严重时可投服药用炭，起止泻作用。

2. 民间疗法

（1）生豆浆 1500～3000 毫升灌服。

（2）醋 2000 毫升或麻油 600 毫升，一次灌服。

（3）甘草 40～70 克，绿豆 200～300 克，水煎取汁加白糖 300～600 克，一次灌服。

（4）鲜绿豆 250 克，生石膏、天花粉各 180 克，鲜芦根 120 克，水煎灌服。

（5）蓖麻油 400～500 克，另用温水反复灌肠。

（6）食醋 1.5 升，大牛一次罐服。

（7）白糖 300 克，水 1 升，混合熔化，大牛一次罐服。

（8）绿豆 400～500 克，加水煮 30 分钟，牛连汤一并 1 次罐服。

预防：保持饲料全价，特别是矿物质和维生素均衡。保证充足饮水。适量添加食盐，通常牛正常盐饲喂量为每日 0.3～0.5 克/千克体重，中毒量为 1～2.2 克/千克体重，致死量 1.5～3 克/千克体重。

（十二）黑斑病甘薯中毒

甘薯又叫地瓜、红薯、山芋等。是牛常用的块根类多汁饲料。牛食用了患有黑斑病的甘薯、甘薯苗以及病甘薯加工的副产品粉渣、粉浆等，引起中毒。

临床症状：多突然发病或在采食后 24 小时内发病。发病初期，精神沉郁，食欲减退，气喘，继而食欲废绝，反刍停止。眼结膜潮红，肌肉震颤，呼吸极度困难，次数增加，每分钟可达 60～80 次。后期呼吸次数减少而加深，发生痉挛，下痢带血，肩甲部、背部皮下气肿。一般 5～6 天死亡。

治疗：

1. 西药疗法

（1）0.1% 高锰酸钾液 3～5 升，灌服或大剂量洗胃，洗胃后，灌服盐类泻剂。

（2）5%硫代硫酸钠 100～150 毫升，静脉注射，或用维生素 C 10 毫升，肌内注射。

2. 中药治疗

柴胡、黄芩、知母、双花、麦冬、桔梗、双皮、大黄、娄仁、冬花各 30 克，葶苈子、甘草各 180 克，川贝 200 克，白芥子 240 克。共为细末，蜂蜜 500 克为引，开水冲调，候温灌服。

3. 民间疗法

方 1：芒硝 200～500 克，加水 1.5～4 升，大牛一次灌服。

方 2：木研末 50～100 克，加水给牛灌服。过一段时间待木炭末吸附毒物后，再用芒硝 200～500 克，溶于 2～5 升微温水中，大牛一次灌服。

方 3：九节菖蒲、鱼腥草各 250 克。共切细，用淘米水大牛一次灌服。日服 2 剂，早晚各 1 次，连用 3 天。

方 4：鲜石灰 200～300 克，加入 2～3 升水搅拌，取上清液与鲜水菖蒲根 500 克（捣泥）混合，大牛一次灌服。

方 5：茶叶 200～250 克，捣碎，加水煎煮，大牛连渣一次灌服。

方 6：二花 70～150 克，生石膏 100～120 克，樟树根 50～100 克，甘草 15～30 克，共煎水取汁；绿豆 300～500 克，磨成豆浆，混合，大牛一次灌服。

方 7：生姜（捣泥）、红糖各 250 克，加温水适量，大牛一次灌服。

预防：禁止用霉烂甘薯喂牛。为防止甘薯患黑斑病，收获时尽量不擦伤表皮。贮藏时，地窖干燥密封，温度控制在 11～15℃。

（十三）醉马草中毒

醉马草，学名小花棘豆，为豆科多年生草本植物，每年春季萌芽较早，长势很快。各种家畜采食后都可引起中毒。

症状：一般呈慢性经过。病初表现膀肿，继而对其他牧草逐渐厌食，出现精神沉郁，视力障碍。对外界刺激非常敏感，即使轻微刺激，会引起病畜惊恐，黏膜充血，黄染。唇、舌、咽喉部麻痹，因此想吃喝而不能吃喝。四肢无力，行走不稳。孕畜多发生流产或胎水增多。病程较长的达 4 ~ 5 个月之久。最后衰竭而死亡。

1. 西药疗法

（1）硫酸钠 250 ~ 300 克，鱼石脂 15 ~ 20 克，常水 5 升，灌服。

（2）静脉注射 5% 葡萄糖生理盐水或复方氯化钠注射液 1 ~ 3 升，可配合强心剂。

2. 中药疗法

（1）连翘、银华、板蓝根各 50 克，甘草、当归各 40 克，枳实、神曲、厚朴、菖蒲、茯苓、泽泻、木通、大黄、黄芩、白芍、枯矾各 40 克，黄柏 25 克。共为末，开水冲。候温一次罐服。严重者连灌 2 ~ 3 剂。小畜酌情减量。

（2）大青叶 35 克，土茯苓、银华、连翘各 25 克，甘草 20 克，飞矾 40 克，雄黄 15 克、炒盐 100 克。共为末，开水冲调，候温一次灌服。小畜酌情减量。

3. 偏方治疗

方 1：食醋 0.5 ~ 1 升，大牛 1 次灌服。

方 2：酸奶子 0.8 ~ 1.5 升，大牛 1 次灌服。

方 3：酸菜水 1 ~ 1.8 升，牛 1 次灌服。

方 4：食盐 180 克，水 1 升，混合熔化。大牛 1 次灌服。

方 5：绿豆浆粉渣 1 碗，山楂 50 克研末，加水适量煎开，候冷。大牛 1 次灌服。

方 6：白酒 100 ~ 250 毫升，加水适量内服。

预防：不有醉马草地域放牧，不割醉马草喂牛。

（十四）酒糟中毒

病因：酒糟中含有醋酸及醇类物质，大量饲喂也会使牛发病。

症状：精神兴奋，行为不稳，黏膜潮红，腹下乳房四周皮肤有皮疹，便秘、下痢交替进行，并伴有腹痛、麻痹、虚脱等症。

预防：禁用严重发霉变质酒糟喂牛，轻度霉变的酒糟先用1%石灰水拌合后再进行饲喂。严禁饲喂冰冻酒糟。饲喂酒糟要适量。

治疗：

1. 西药治疗

静脉注射5%葡萄糖1500毫升，出现皮疹的可用1%高锰酸钾液冲洗患部。

2. 民间疗法

（1）1%小苏打溶液或豆浆水1500毫升。牛一次内服。

（2）白糖500克，水冲化。牛一次内服。

（3）鲜葛根榨汁500~800毫升。牛一次内服。

（4）瓜蒌根60克、葛根120克、金银花75克，煎汁适量，加蜂蜜60克调化，候温灌服。

参考文献

［1］内蒙古自治区革命委员会畜牧局. 兽医手册. 呼和浩特：内蒙古自治区人民出版社，1972.

［2］中兽医学讲义. 成都：成都军区后勤部卫生部，1976.

［3］蒋梅芳. 牛病诊断. 南昌：江西人民出版社，1984.

［4］梁运霞，金璐娟. 兽医基础. 哈尔滨：黑龙江人民出版社，2005.

［5］罗超应. 牛病中西医结合治疗. 北京：金盾出版社，2007.

［6］冯端明，冯柏林. 奶牛肉牛疾病防治. 长沙：湖南科学技术出版社，2009.

［7］王根林. 养牛学. 北京：中国农业出版社，2006.

［8］王均昌. 畜禽病经效土偏方，北京：金盾出版社，2004.

［9］陈幼春，吴克谦. 实用养牛大全. 北京：中国农业出版社，2006.

［10］张哨兵. 牛生产. 北京：中国劳动社会保障出版社，2011.

［11］简随德. 牛病防治问答. 西安：陕西科学技术出版社，1992.

［12］童孚中，余惠琴，赵颖波. 养牛技术. 北京：中国科学技术出版社，2002.

［13］张红伟，武瑞. 动物疾病防治. 哈尔滨：黑龙江人民出版社，2005.

［14］张桂林. 奶牛养殖致富诀窍. 北京：中国农业出版社，2006.

［15］付昌秀. 养牛关键技术. 成都：四川科学技术出版社，2008.

作者简介

王祥忠，男，汉族，53岁，东北农业大学毕业，动物科学专业，大学学历，高级畜牧师。1986年开始从事畜牧科研与新技术推广工作。2012年至今被国家商务部聘请为全国基层生猪市场研究专家，黑龙江省畜牧兽医局畜牧通成员之一，黑龙江省绥化市畜牧科技带头人之一。

曾主持8个养殖项目的研究与推广，均获得了省、市科技进步奖或科技推广奖。在国家专业刊物上发表了学术论文和技术文章100余篇。主编的《土法良方防治兔病》、《蜘蛛养殖新技术百问百答》等专业书籍，分别于2009年6月、2015年1月在中国农业出版社出版。